"水体污染控制与治理"国家科技重大专项
国家科技重大专项"重点行业水污染全过程控制技术集成与工程实证"
"重点行业水污染源解析及全过程控制技术评估体系"
主题编号:2017ZX07402004-3-7

食品加工行业水污染全过程控制技术发展蓝皮书

杭晓风 孔英俊 檀 胜 陆文超 **编著**

·北京·

图书在版编目（CIP）数据

食品加工行业水污染全过程控制技术发展蓝皮书 / 杭晓风等编著. —北京：科学技术文献出版社，2020.11
ISBN 978-7-5189-5934-1

Ⅰ.①食… Ⅱ.①杭… Ⅲ.① 食品工业—水污染—污染控制—研究报告—中国 Ⅳ.① X792.3

中国版本图书馆 CIP 数据核字（2020）第 223122 号

食品加工行业水污染全过程控制技术发展蓝皮书

策划编辑：孙江莉　责任编辑：李　鑫　责任校对：王瑞瑞　责任出版：张志平

出 版 者	科学技术文献出版社
地　　址	北京市复兴路15号　邮编 100038
编 务 部	（010）58882938，58882087（传真）
发 行 部	（010）58882868，58882870（传真）
邮 购 部	（010）58882873
官方网址	www.stdp.com.cn
发 行 者	科学技术文献出版社发行　全国各地新华书店经销
印 刷 者	北京虎彩文化传播有限公司
版　　次	2020 年 11 月第 1 版　2020 年 11 月第 1 次印刷
开　　本	710×1000　1/16
字　　数	197千
印　　张	12.25
书　　号	ISBN 978-7-5189-5934-1
定　　价	58.00元

版权所有　违法必究

购买本社图书，凡字迹不清、缺页、倒页、脱页者，本社发行部负责调换

前 言

食品加工业承担着为我国公民提供安全放心、营养健康食品的重任，是国民经济的支柱产业和保障民生的基础性产业。"十三五"时期，我国食品工业继续保持快速增长，2018年实现工业总产值 1.14×10^5 亿元，占工业总产值的9%，有力带动了农业、流通服务业及相关制造业发展，在"扩内需、增就业、促增收、保稳定"中发挥了重要的作用。食品加工业已进入新发展阶段，从供给侧与需求侧双侧入手改革，着重通过供给侧结构性改革，优化产业结构，稳步提高产品质量和经济效益，积极化解产能过剩，以创新来提高生产率。降低成本，大力实施差异化战略和高端化战略，来适应市场需求的结构变化，提升绿色制造、智能制造水平，实现产业新的发展。

食品加工生产中产生大量废水，会对环境造成污染。据统计，每年用水量约100亿 m^3、消耗电2500亿 $kW\cdot h$、消耗煤2.8亿 t，排放废水50亿 m^3，产生废弃物4亿 t。食品废水带来的水环境污染已严重制约了食品工业的进一步发展，因此，食品废水污染控制已经成为保持食品工业经济可持续发展的重要任务。

近年来，在我国政府持续不断地推动、中国科创企业及科研机构的不断深入下，水污染控制的理论与技术更新和发展十分迅速。目前，我国食品废水的治理方式主要以"末端治理方式"为主，但这种治理方式难以从根本上缓解环境压力。因此，应在末端治理方式上，注重结合清洁生产技术的水污染全过程控制思想，提高资源综合利用水平，并从源头治理水污染，贯穿生产过程的始终。只有这样，才能真正实现食品工业的可持续发展。

因此，必须对食品加工废水从全过程的输运、分布及状态进行深入解析，为水污染全过程治理奠定坚实的基础。同时，通过对水污染控制技术的综合量化评估，为食品加工行业水污染控制寻求合适的处理技术。本蓝皮书在介绍淀粉（糖）、酒精、味精等食品加工行业生产废水的来源、特点、处理工艺的基础上，以节水减排和清洁生产为指引，以废水深度处理并回用为目标，结合国内外水处理技术，构建适合于行业的先进适用的水污染全过程控制技术指导性文件，以满足食品加工行业水污染全过程控制的需要，并总结了水污染全过程控制的新理论、新技术和新工艺及其存在的问题，重点阐述了"水体污染控制与治理"国家科技重大专项在食品加工行业中水污染全过程控制技术的清洁生产措施、末端废水治理和工程实例等内容。本蓝皮书得到了水体污染控制与治理科技重大专项"水污染全过程控制集成与工程实证"独立课题之子课题"重点行业水污染源解析及全过程控制技术评估（2017ZX07402004-3-7）"的资助。

由于水平及时间有限，书中难免存在差错和纰漏，敬请业内同行及广大读者批评指正。

目 录

1 食品加工行业发展概况与水污染特征 / 1
　1.1 食品加工行业发展概况 / 1
　　1.1.1 世界食品加工行业发展历程 / 1
　　1.1.2 中国食品加工行业发展历程 / 3
　　1.1.3 中国食品加工行业分布及发展趋势 / 6
　1.2 食品加工行业用排水现状及水污染特征 / 14
　　1.2.1 食品加工行业用排水现状 / 14
　　1.2.2 食品加工行业水污染物特征 / 14
　　1.2.3 食品加工行业水污染危害 / 18

2 食品加工行业水污染控制现状与需求 / 20
　2.1 食品加工行业水污染控制政策法规 / 20
　2.2 典型行业水污染控制现状 / 24
　　2.2.1 淀粉废水污染控制现状 / 26
　　2.2.2 酒精废水污染控制现状 / 28
　　2.2.3 味精废水污染控制现状 / 29
　　2.2.4 枸橼酸废水污染控制现状 / 31
　　2.2.5 赖氨酸废水污染控制现状 / 33
　　2.2.6 大豆油脂废水污染控制现状 / 34
　　2.2.7 大豆蛋白废水污染控制现状 / 36
　　2.2.8 豆制品生产废水污染控制现状 / 37
　2.3 食品加工行业水污染控制存在的问题 / 39
　2.4 食品加工行业水污染全过程控制的需求 / 45
　2.5 小结 / 47

3 食品加工行业水污染全过程控制典型技术 / 48
　3.1 食品加工行业水污染全过程控制的内涵 / 48

3.2 食品加工行业水污染全过程控制技术的发展策略 / 50
3.3 食品加工水污染控制技术 / 54
　　3.3.1 玉米湿法粉碎淀粉生产技术 / 54
　　3.3.2 玉米闭环湿法粉碎淀粉生产技术 / 55
　　3.3.3 双酶法制糖工艺技术 / 56
　　3.3.4 生物素亚适量工艺生产谷氨酸 / 57
　　3.3.5 高性能温敏型谷氨酸生产工艺 / 57
　　3.3.6 钙盐法生产枸橼酸技术 / 58
　　3.3.7 淀粉糖的离子交换树脂纯化分离技术 / 59
　　3.3.8 大豆蛋白的碱溶酸沉技术 / 59
　　3.3.9 大豆油脂废水的处理技术 / 60
　　3.3.10 生产用水阶梯式循环利用技术 / 61
　　3.3.11 食品综合废水的升流式厌氧污泥床法处理技术 / 62
　　3.3.12 食品综合废水的水解/好氧法处理技术 / 62
　　3.3.13 食品综合废水的SBR处理技术 / 63
3.4 小结 / 63

4 食品行业水污染全过程控制典型技术及应用 / 64

4.1 玉米深加工行业的全过程控制技术 / 64
　　4.1.1 技术简介 / 64
　　4.1.2 技术评价及适用范围 / 68
　　4.1.3 主要技术创新点 / 69
　　4.1.4 典型案例 / 70
4.2 糠醛加工行业全过程控制技术 / 72
　　4.2.1 技术简介 / 72
　　4.2.2 技术评价及适用范围 / 77
　　4.2.3 主要技术创新点 / 77
　　4.2.4 典型案例 / 78
4.3 大豆深加工行业全过程控制技术 / 79
　　4.3.1 技术简介 / 79
　　4.3.2 技术评价及适用范围 / 83
　　4.3.3 主要技术创新点 / 84

4.3.4　典型案例 / 85
4.4　味精废水污染负荷稳定削减全过程控制技术 / 87
　　4.4.1　技术简介 / 87
　　4.4.2　技术评价及适用范围 / 88
　　4.4.3　主要技术创新点 / 89
　　4.4.4　典型案例 / 89
4.5　酿造（发酵）行业全过程控制技术 / 90
　　4.5.1　技术简介 / 90
　　4.5.2　技术评价及适用范围 / 93
　　4.5.3　主要技术创新点 / 93
　　4.5.4　典型案例 / 94
4.6　果汁加工行业全过程控制技术 / 97
　　4.6.1　技术简介 / 97
　　4.6.2　适用范围 / 99
　　4.6.3　主要技术创新点 / 100
　　4.6.4　典型案例 / 100

5　食品行业水污染全过程控制技术展望 / 102

5.1　食品加工行业水污染全过程控制技术路线 / 103
5.2　食品加工行业未来水污染全过程控制技术发展趋势 / 108
5.3　小结 / 113

附录

附录A　关于印发水污染防治行动计划的通知 / 114
附录B　关于印发《关于依法规范食品加工企业的指导意见》的通知 / 127
附录C　食品工业"十二五"发展规划 / 131
附录D　关于促进玉米深加工业健康发展的指导意见 / 157
附录E　关于促进大豆加工业健康发展的指导意见 / 167

参考文献 / 176

1 食品加工行业发展概况与水污染特征

1.1 食品加工行业发展概况

食品加工就是把食品通过某些程序，制成更适用或更有益的食材和物品。将原粮或其他原料经过人为的处理过程形成一种新形式的可直接食用的产品，这个过程就是食品加工。食品工业在原料的选取上，以农、林、牧、渔业的产品或半成品为主，通过制造、提取、加工等制造工艺，将所选取原料制成食品或半成品。按照国际分类标准，食品工业包括农副食品加工业、食品制造业、饮料制造业和烟草加工业4个大门类，进而再分为24个中门类和64个小门类。"十一五"以来，我国食品加工业有了较快的发展，出现了可喜的变化，目前已成为具有较强发展潜力的产业。

食品加工业是食品产业链中的重要环节。当前，我国正处于工业化、城镇化和农业现代化同步推进的重要时期，食品加工业与第一、第三产业联系紧密，保持食品加工业健康发展，对推进食品产业化、加快发展现代农业、完善现代食品工业体系和发展新型城镇化具有重要意义。

1.1.1 世界食品加工行业发展历程

农产品加工业是国民经济基础性产业，也是世界工业革命的源头。发达国家农产品加工业经历起步、高速增长和成熟3个阶段，已成为其国民经济的重要组成部分。当前，发达国家农产品加工业尤其是食品加工业发展水平高、产业规模大、市场竞争力强，其发展经验对广大发展中国家具有重要的借鉴意义。

（1）产业起步阶段

18世纪，英国在通过纺织业的发展带动完成了工业革命；19世纪，在英国工业革命的影响下，欧洲大陆基本完成了工业革命。在这一过程中，农产品加工业完成了起步过程中的积累，为其进一步发展奠定了坚实的基础。美国农产品加工业的起步阶段大致在19世纪上半叶，作为工业化的标志，纺织业率先得到发展。随后，谷物装卸机和罐头的发明应用促进了食品工业的发展。农产品加工业在日本的起步阶段大致在明治维新到第二次世界大战时期，同样，这一阶段，纺织工业作为农产品加工业中最先发展起来的行业，成为日本产业结构中重要的主导和支柱产业。到1930年在全部制造业中，纺织工业的就业占比为52%，营业收入占比为36%。与此同时，造纸工业、食品工业、橡胶工业、皮革工业等也有所发展。

(2) 产业高速增长阶段

19世纪末，世界主要发达国家都完成了工业革命，步入经济发展的高速增长期，但两次世界大战的发生几乎摧毁了欧洲各国包括农产品加工业的全部工业发展成果，使得20世纪上半叶欧洲工业发展出现了大波折。第二次世界大战后，随着欧洲经济的快速复苏，以食品工业为代表的农产品加工业迎来了大发展时期，已成为制造业的重要组成部分，在国际市场中占有重要地位。同样，日本农产品加工业也在20世纪50—80年代迎来高速发展时期。伴随着第二次世界大战后日本经济的飞跃式发展，日本农产品加工业实现了高速增长。资料显示，1980年日本食品企业达8.3万个，产值达224 440亿日元（100日元约合5.00元，2015），总产值比1960年增加了11.7倍。由于未受到战争的冲击，美国在19世纪末到20世纪50年代呈现飞速发展态势。

(3) 产业成熟阶段

日本、欧洲等发达国家和地区农产品加工业大致在20世纪80年代步入成熟期，美国则较早，大致在20世纪50年代开始就步入了成熟期。2006年，西欧、北美、澳大利亚、新西兰和日本，占国际食品市场的60%。食品工业创造了大量就业机会，欧盟食品工业人数占全部就业人数的11%，达250万人。但这一时期，发达国家农产品加工业增速逐步放缓，在制造业中的占比有所下降。例如，美国农产品加工业产值占制造业产值的比例由1950年的48.4%下降至2006年的43.8%。同样，20世纪80年代以后，日本随着消费减少和企业固定资产投资停滞，其经济增长速度开始下降，工业生产呈现出停滞和衰退迹象，包括纺织工业、皮革工业在内相关工业出现了快速下滑，食品行业呈现出明显的波动状态。

(4) 近10年发达国家农产品加工业的发展现状

统计资料显示，2010年美国、英国、法国、德国等主要发达经济体农产品加工业增加值总计分别为5197.35亿美元、841.22亿美元、595.18亿美元和773.45亿美元（按现价计算，下同），分别占整个制造业部门比例的

26.31%、36.75%、30.36%和20.71%；2019年行业增加值则分别为5498.75亿美元、823.17亿美元、771.13亿美元和1013.15亿美元，分别占整个制造部门比例的25.06%、38.9%、30.72%和19.05%。美国和德国农产品加工业增加值在制造业中的比例分别下降了1.25%和1.66%，而英国和法国农产品加工业增加值在制造业中的比例则略有上升，分别增长了2.15%和0.36%。但按照2000美元不变价计算实际增长率，2010—2019年美国、英国、法国、德国等主要发达经济体农产品加工业增加值均呈现负增长，实际分别下降了0.98%、1.33%、1.33%和0.02%。

1.1.2 中国食品加工行业发展历程

我国食品工业在新中国成立后的70年中经历了恢复元气、缓慢增长、高速增长、创新驱动等几个阶段。

（1）恢复元气阶段

1949年10月，新中国成立时，食品工业面对的仍是一个技术落后、产能低下的局面。当时的食品工业主要以粮食生产加工为主，技术十分落后。在原料供应一端，粮食供应严重短缺，食品生产长期在低水平徘徊。在业态上，仍以传统的手工操作、作坊生产为主，当时，仅在沿海一些大城市有少量实行工业化生产的食品加工厂，所用的设备均从国外进口。在粮食加工方面，以面粉的工业化生产加工为主，所使用的也几乎全是国外设备。全国几乎没有一家像样的专门生产食品机械的工厂。

从食品消费角度看，新中国成立初期，物资极度匮乏，粮食无法敞开供应。中国百姓仍处于小农经济的自给自足状态，食品种类以初级农产品为主，加工食品的消费比例非常小。据统计数据显示，1952年，我国食品工业总产值仅有82.8亿元。1953年，中央政府决定实行粮食统购统销政策。1955年，国务院发布《市镇粮食定量供应凭证印制暂行办法》。到20世纪50年代末，市场凭票供应的商品达156种，并且从食品延伸覆盖到煤炭、自行车、缝纫机、手表等。

作为食品工业的推动力，我国的食品学科建设也在这一阶段起步。在之前已有的三江师范学堂（现南京大学）农产与制造学科、吴淞水产学校的水产制造学科基础上，陆续在南京大学、复旦大学、武汉大学、浙江大学、原江南学院等10多所院校，设立了食品相关科系与专业；克服重重困难，相继建立起一批涉及食品学科专业的科研院所和高校，如中国食品发酵工业科学研究所、西安油脂科学研究设计院、郑州粮食学院、无锡轻工业学院（现名无锡轻工大学）、北京轻工业学院、大连轻工业学院，为后来的食品工业快速发展奠定了学科、教育和人才基础。

(2) 缓慢增长阶段

自20世纪60年代至70年代末，近20年间，我国食品加工业及食品机械工业从开始起步到不断发展，除食品加工厂仍处于半机械半手工状态之外，全国各地陆续建起一大批面粉、大米、食用油加工厂，实现了初步的机械化工业生产，食品机械工业也得到一定程度的发展，初步形成了一个独立的机械工业门类。在此基础上，国产食品机械大量补充，基本满足了国内食品工业发展的需求，为此阶段实现食品工业化生产做出了重大贡献，但食品标准、食品安全等，在当时的历史条件下，还很少提及。

(3) 高速增长阶段

1978年12月，党的十一届三中全会召开，改革开放大幕开启，食品领域也随之步入快速发展阶段。20世纪80年代中期，随着外资的引入，我国出现了很多外商独资、合资等形式的食品加工企业。这些企业在将先进的食品生产工艺技术引进国内的同时，也将大量先进的食品机械引入国内。通过消化吸收国外先进的食品机械技术，我国的食品机械工业水平得到了很大提高。在此推动下，全国第一轮大规模的技术改造工程如狂飙突进，席卷整个粮食加工业和食品加工业，食品工业开始迈向机械化和自动化。再加上社会对食品加工质量、品种、数量要求的提高，极大地推动了我国食品工业及食品机械制造业的发展。进入90年代后，新一轮技术改造工程的浪潮迅猛席卷，全国各地较小规模的粮食加工厂、食品加工厂纷纷更新设备，或直接引进全套的国外先进设备，让普通百姓开始接触到越来越多的食品种类。可以说，上述两轮技改工程意义重大，推动我国食品机械工业完全形成了一个独立的机械工业门类，为后来迅速增加食品种类、迅速扩大食品生产规模奠定了关键基础。由此，逐渐实现"吃得饱"梦想的人们开始陆续追寻"吃得香"的新梦想。2000年，我国人均GDP接近1000美元。此后10余年间，我国食品工业受经济结构调整的影响和国际金融危机的冲击，曾出现短暂停滞；受三聚氰胺奶粉等事件影响，特别是在国家全面加强食品安全监管的外部因素推动下，业界的食品安全意识普遍增强，带动了食品工业进一步转型升级，硬件设施、工艺流程、产品质控的整体水平迅速提高，与发达国家食品工业的差距显著缩小。

(4) 创新驱动阶段

2008年,我国人均GDP超过3000美元,我国食品工业重新进入快速发展阶段,年增速达29.97%。2011年,我国人均GDP超过5000美元,食品工业高速增长。2015年,我国人均GDP超过8000美元,食品工业开始全面进入新阶段。我国食品产业位居全球第一,是国民经济的支柱产业,2017年产值11.4万亿元,占全国GDP的9%。2019年食品工业营业收入增长高于全国工业,食品工业规模以上工业企业累计完成营业收入3.93万亿元,同比增长4.97%,高于全国工业0.27个百分点;2019年1—6月,全国规模以上工业企业实现利润同比下降2.4%,食品工业完成利润总额2710亿元,同比增长9.98%,高于全国工业12.38个百分点。食品工业实现利润增速是收入增速的两倍。食品加工产业与农业产值比为1.2∶1.0,对全国工业增长贡献率达12%,拉动全国工业增长0.8个百分点;预计未来十年,中国的食品消费将增长50%,价值超过7万亿元(表1-1)。

表1-1 中国食品工业发展状况

效益指标	食品工业	全国轻工	食品占比	食品同比	轻工同比
汇总企业单位数/个	36 371	1 066 337	34.11%	—	—
亏损面	17.60%	18.14%			
营业收入/亿元	39 311.34	96 152.45	40.88%	4.97%	4.14%
利润总额/亿元	2710.14	5841.93	46.39%	9.98%	8.19%
主营业务收入利润率	6.89%	6.08%	—	—	—
资产总计/亿元	60 848.17	158 874.10	38.30%	5.08%	6.18%
负债合计/亿元	30 779.12	84 710.85	36.33%	5.40%	6.70%
成品(存货)/亿元	3506.76	9184.80	38.18%	3.99%	1.87%
利息支出/亿元	272.13	681.30	39.94%	2.66%	3.70%

我国的产业结构调整、食品标准体系建设、食品学科建设、食品生产加工技术、食品安全法律法规、食品安全监管也快速推进,不断迈上新台阶,并且不断对接国际食品业界,以理念创新、标准创新、技术创新、业态创新为引领,在不少领域取得突破,传递出响亮的"中国声音"。

食品工业不仅与人民生活质量、健康水平密切相关,而且是消费品工业中吸纳农村剩余劳动力较多的一个工业门类。食品工业与农业紧密相连,食品工业在选址上往往接近原材料产地,因此,食品工业的发展带动了农村劳动力的就业和农村地区的发展。同时,对发展中国家来说,食品工业的发展是工业化和农业产业化的重要出路,食品工业的发展也反过来支持农业的发展，通过吸纳农村剩余劳动力，提高农民收入，并逐步实现城市化。据国家统计局资料显示，2018年，全国居民人均消费支出比上年名义增长8.4%，扣除价格因素影响，实际增长6.2%，名义增速和实际增速分别比上年加快1.3和0.8个百分点；食品消费支出占比（恩格尔系数）进一步降低，全国居民人均食品烟酒消费支出增长4.8%，占消费支出的28.4%，比上年下降0.9个百分点。2018年，最终消费支出增长对经济增长的贡献率为76.2%。2018年上半年，消费对经济增长的贡献率为60.1%，拉动经济增长3.8个百分点；2018年上半年，全国居民人均食品烟酒消费（增长4.8%）占人均消费支出的28.6%。考虑社会集团消费因素，全国居民食品消费占全社会消费的20%以上，拉动经济增长近1个百分点。

展望未来，"十三五"末，中国人均GDP将超越10 000美元并接近12 000美元，中国社会将全面进入营养健康时代，人民对美好生活向往的营养健康需求，必将成为食品工业发展的战略目标、优先方向和重点任务。到2030年，全国规模以上食品企业主营业务收入将突破15万亿元，形成一批具有较强国际竞争力的知名品牌、跨国公司和产业集群。食品科技自主创新能力和产业支撑能力显著提高，实现从"三跑并存""跟跑"为主向"并跑""领跑"为主的转变，食品生物工程、绿色制造、食品安全、中式主食工业化、精准营养、智能装备等领域科技水平进入世界前列；食品工业进一步向营养、健康、安全、多样、方便、美味的方向发展，普通民众由生存性消费向健康性、享受型消费转变，食品消费日益呈现营养化、健康化、风味化、休闲化、高档化、多样化、个性化的发展趋势。在产业结构上，绿色制造、智能制造能力大幅提升，推动食品产业从注重数量增长向提质增效转变；在产业形态上，工业云、大数据、互联网、物联网、智能机器人等新一代工业革命的技术在食品工业研发设计、生产制造、流通消费等领域深度应用，食品工业与教育、体育、文化、健康、养生、生态、科普、农业、医药、养老、社区与农村建设等行业深度融合，催生一批农业观光、生态旅游、休闲娱乐、农事体验、创意创业、科普基地、田园综合体、特色小镇、农家餐饮、民俗文化、乡风乡愁等一二三产业融合发展的新业态、新产业、新模式、新经济和新格局。

1.1.3 中国食品加工行业分布及发展趋势

食品加工行业主要有玉米深加工、大豆深加工、糠醛加工、果汁加工、味精制造、酒精制造等行业。

（1）玉米深加工行业

玉米在中国布局广泛，主要分布在东北、华北和西南地区，形成一个从东北到西南的狭长玉米种植带，这一带状区域集中了中国玉米种植总面积的85%和总产量的90%。

我国的玉米深加工企业主要分布在玉米主产区，即东北三省和华北黄淮等地区。从各省玉米深加工企业的玉米实际加工量所占比来看（图1-1），企业归属山东和吉林所占比例最高，合计占全国的45%左右（图1-2）。从流域上看，玉米深加工工业主要分布在松花江流域、辽河流域、黄河流域和淮河流域。

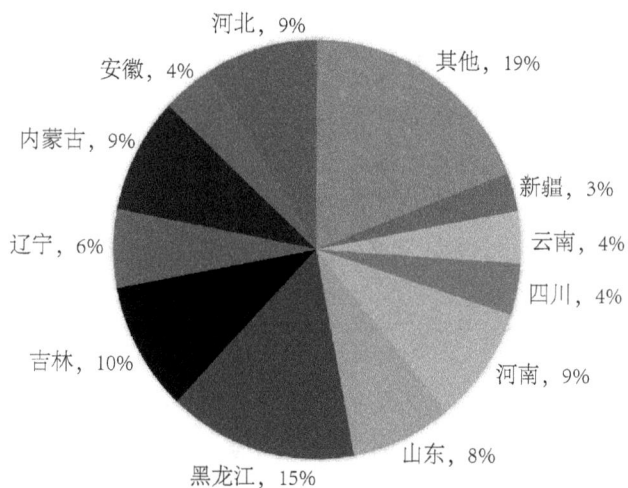

图1-1 中国玉米种植区域分布（数据来源：中国市场调查研究中心）

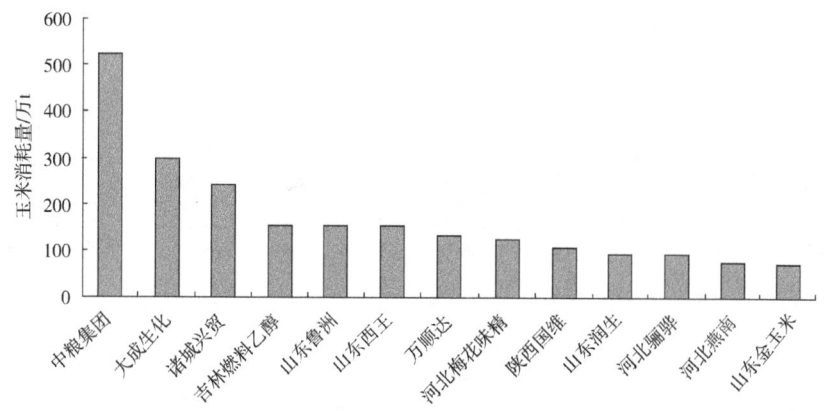

图1-2 玉米深加工企业玉米消耗量情况（数据来源：中国市场调查研究中心）

(2) 大豆深加工行业

我国大豆播种主要分布在东北地区、黄淮海地区、长江流域及南方地区，其中东北地区占全国的60%以上。大豆深加工企业主要集中在东北三省、河南、山东、安徽及内蒙古自治区，总面积和总产量约占全国的80%左右，特别是山东、黑龙江两省（图1-3和图1-4）。从流域上看，大豆深加工行业主要分布在松花江流域、辽河流域、黄淮海流域、长江流域。

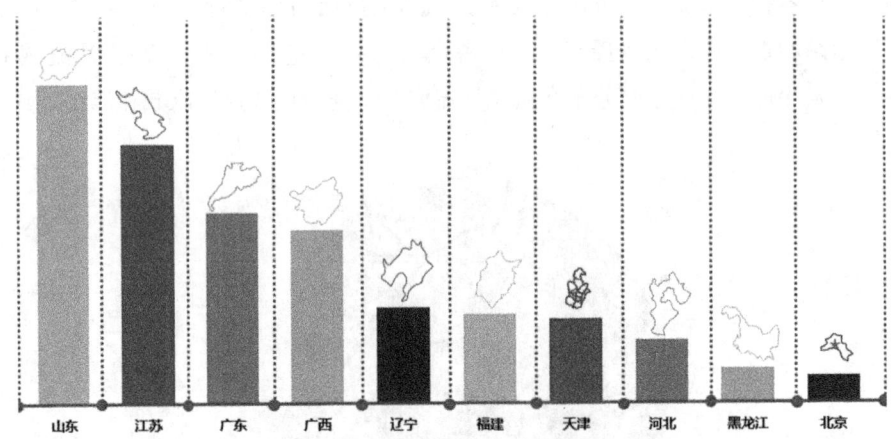

图1-3 大豆深加工企业区域分布（数据来源：新浪财经网）

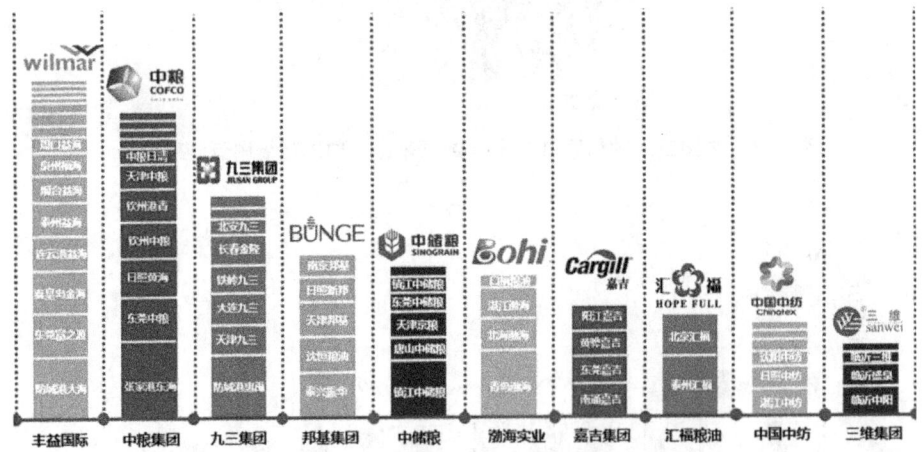

图1-4 大豆深加工主要企业（数据来源：新浪财经网）

(3) 糠醛加工行业

糠醛的生产通常是以阔叶木材、油茶壳、棉籽壳、甘蔗渣、玉米芯、稻壳等可再生的农林作物为原料，具有取之不尽、用之不竭的特点。糠醛是生物质资源化学利用的最大也是唯一的大宗化工商品。早在1922年,美国就建立了世界上第一个糠醛工厂,我国糠醛工业起源于1943年,当时在天津建立了50 t/a的糠醛车间;1958—1960年,我国糠醛工业发展较快,在大中城市,如北京、保定、郑州、济南都建立了以棉籽壳为原料的糠醛工厂(车间),产量均在1000 t/a以上,有的厂在3000 t/a左右,达到了世界大中型厂的水平。糠醛生产原料分散、生产工艺简单,很适合乡镇企业经营。尤其是采用玉米芯为原料生产糠醛以来,盛产玉米的三北(东北、华北、西北)地区,糠醛工业发展很快,前后组建了一大批糠醛厂,但规模都不大(图1-5)。

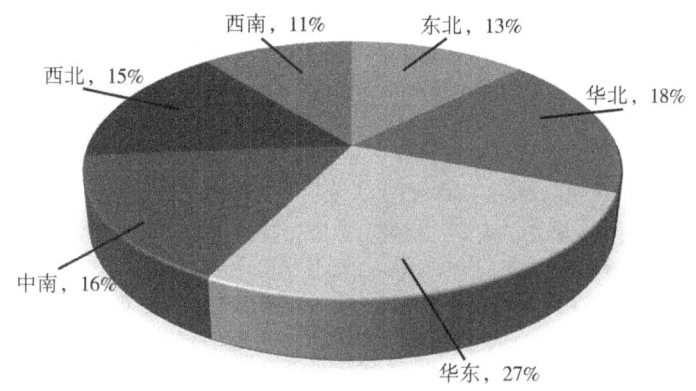

图1-5 糠醛加工企业区域分布(数据来源:中国市场调查研究中心)

我国现已经成为世界上最大的糠醛生产国和出口大国,国内的生产企业达200多家,生产能力25万t/a左右,大约一半用于出口。生产厂家分布比较分散,主要分布地有山东、河南、河北、陕西、山西、辽宁、黑龙江、吉林等玉米种植面积较为集中的地区,按投资规模、效益来说,已经成为特色产品(表1-2)。

表1-2 糠醛主要企业情况(资料来源:智研咨询整理)

企业名称	糠醛生产情况介绍
中糠股份有限公司	中糠股份有限公司总部位于河北省邢台市,成立于2010年12月,是目前全球最大的糠醛生产企业、全国糠醛行业知名领军企业。目前公司总占地面积72.7万 m^2,注册资本1.3735亿元,总资产6亿多元,拥有6家分、子公司,有中高级以上职称的大中专毕业生和技术人员70余名。目前公司年产优质糠醛40 000 t

续表

企业名称	糠醛生产情况介绍
石家庄世易糠醛糠醇有限公司	石家庄世易糠醛糠醇有限公司是一个科技型高新企业,是全球较大的呋喃生产厂家之一。年总产呋喃系列产品20万t,其中糠醛3.5万t、糠醇3万t。企业其固定资产1.125亿元,厂面积98 700 m^2。糠醛系连续性精制工艺,自投产以来,产品质量一直处于GB 1926.1.2—1988国家标准的优级指标,部分指标超过了美国QUAKEEROTAS公司的质量指标,受到日本、法国等国外客户的赞誉,成为化工出口免检商品
中国北方糠醛集团有限责任公司	中国北方糠醛集团有限责任公司(简称"北方糠醛")建于1995年2月,是由辽宁、吉林、黑龙江、内蒙古等东北地区33家糠醛生产经营及配套企业组成的股份制集团。北方糠醛固定资产总值3.5亿元,年生产糠醛能力5万t。北方糠醛地处亚洲玉米黄金生产带,用玉米芯做原料生产糠醛获得了最好的质量。北方糠醛是中国最大的生产出口糠醛的基地
宏业生物科技股份有限公司	宏业生物科技股份有限公司成立于2008年。公司生物质清洁水解生产糠醛新工艺技术所产产品糠醛,各项质量指标达到或超过国GB/T 1926.1—2009优级品指标。项目以玉米芯、玉米秆为原料,以稀硫酸为催化剂,经过原料输送、粉碎、水解、原液初馏、毛醛脱水、糠醛精制、废水蒸发循环利用、糠醛渣锅炉燃烧供热等,实现生物质秸秆清洁生产糠醛技术。生物质清洁水解生产糠醛新工艺的开发成功,改变了以往糠醛生产中原料单一、选择性差、产率低、消耗高、污染严重、末端治理困难等缺点,从而大幅推进了我国糠醛行业的快速可持续发展,提高了糠醛产品在国际市场上的竞争力

(4) 果汁加工行业

果汁是以水果为原料经过物理方法,如压榨、离心、萃取等得到的汁液产品,一般是指纯果汁或100%果汁。果汁按形态分为澄清果汁和混浊果汁,澄清果汁澄清透明,如苹果汁,而混浊果汁均匀混浊,如橙汁;按果汁含量分为纯果汁和果汁饮料。狭义上的果汁与果汁饮料和水果饮料是有区别的。果汁饮料和水果饮料都是在果汁中加入水、糖、酸味剂等调制而成的混汁制品,只是两者的果汁含量不同,果汁饮料含10%,水果饮料含5%。

在我国,果汁及果汁饮料市场产品一般可分为三类。第一类是果汁含量为5%~10%的低浓度果汁饮料,市场主导品牌以统一鲜橙多、康师傅每日C、可口可乐的酷儿和美汁源果粒橙为代表;第二类是几种水果和蔬菜制成的复合果汁,果汁含量在30%左右,屈臣氏的果汁先生和农夫山泉的农夫果园是这类果汁的典型;第三类是以汇源为代表的100%果汁。

在口味的选择上,我国消费者在果汁及果汁饮料消费上更倾向于橙子、苹果和混合水果这3种口味,三者的市场占有率也较为稳定。2016年,市场销量最大的纯果汁饮料和中浓度果汁饮料中，橙子口味的市场占有率分别为46.8%和48.5%（图1-6）。

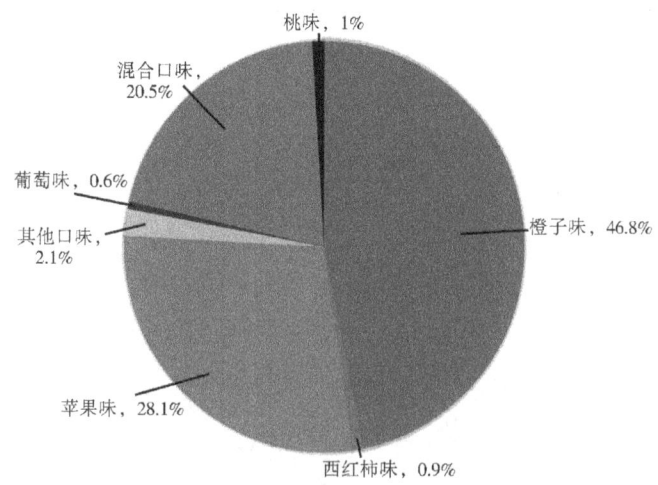

图1-6 我国饮料各种口味市场占有率（数据来源：中商产业研究院）

在果汁和果浆加工方面，我国的浓缩苹果汁、番茄酱、菠萝汁和桃汁的加工占有非常明显的优势，形成非常明显的果蔬汁加工带，建立了以渤海地区（山东、辽宁、河北）和西北黄土高原（陕西、山西、河南）两大浓缩苹果汁加工基地；以西北地区（新疆、宁夏和内蒙古）为主的番茄酱加工基地和以华北地区为主的桃酱加工基地；以热带地区（海南、广西、广东等）为主的热带水果（菠萝、杧果和香蕉）加工基地；而直饮型果蔬及其饮料加工则形成了以北京、上海、浙江、天津和广州等省市为主的加工基地。

目前，果汁加工行业主要分布在陕西、辽宁、河南、山西等地。从流域分布看，果汁加工行业主要分布在渭河流域和黄河流域。

(5) 味精加工行业

味精行业属于技术壁垒不高，但资金投入较大的行业，2002年以前，国内味精企业超过140家，味精生产主要分布在山东、河南、河北、江苏、广东、浙江6省，2007年6省的产量占全国味精产量的77.94%，其中山东、河南、河北3省的产量则占全国产量的一半以上。我国味精行业已经呈现出比较高的集中度。从流域分布来看，味精加工行业主要分布在淮河流域、黄河流域，在苕溪也有分布。

随着节能减排工作及淘汰落后产能的进行，味精行业基本完成了产能整合，初步达到了寡头竞争格局，产能最大的前三家企业分别为阜丰集团、梅花集团和伊品生物。2018年阜丰集团味精产能达130万t，市场份额占比44.4%，梅花集团味精产能为70万t，市场份额占比23.9%；伊品生物味精产能为32万t，市场份额占比10.9%，前三大企业合计占比约80%（图1-7）。

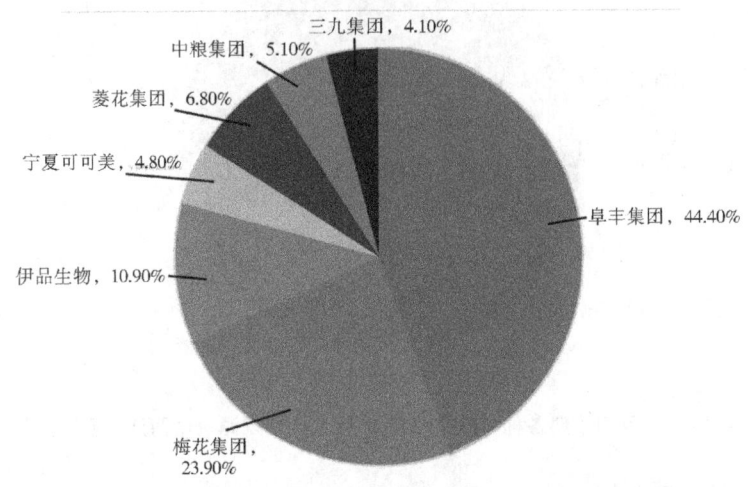

图1-7 味精加工企业区域分布（数据来源：中恒远策整理绘制）

（6）酒精制造行业

酒精主要用于燃料、白酒、化工医药等领域。在全球范围内，无水乙醇的主要消费结构为：燃料乙醇约占总需求量的66%，白酒约占14%，化工医药约占11%，其他领域约占9%。从生产工艺来看，酒精的制造方法主要有化学合成法和生物转化法两大类，其中化学合成法以石油、天然气、煤气或生物质气为主要原料制取酒精；生物转化法以玉米、甘蔗、木薯等生物质发酵制取酒精。目前在我国及世界范围内使用最广的是生物发酵法，主要以玉米为原料，大致包括制浆、液化、糖化、发酵、脱水等步骤。

黑龙江、吉林、山东、安徽、河南、广西等地酒精制造业较为发达，是目前中国酒精的主要产区（图1-8）。从流域分布上看，酒精加工行业主要分布在松花江流域、淮河流域和黄河流域。

改革开放40多年特别是党的十八大以来，我国食品加工业保持了持续较快的发展势头。食品加工业的发展和取得的成就，对促进经济的增长和人民的就业方面起到了很大的作用，但同也消耗了大量的资源，如粮食和水，并产生了大量的废水和废弃物，在带来经济利益的同时，也造成了相应的环境

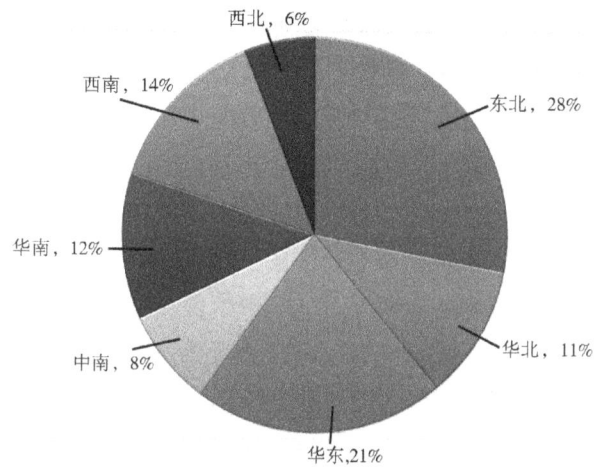

图 1-8　国内酒精（万吨）区域产能及区域分布（数据来源：中国产业信息网）

污染和破坏。我国食品工业具有关联产业多、稳定就业、生态保护问题突出等特点，具体如下。

(1) 关联产业多

食品加工业是关系国计民生的生命工业，在国民经济中有着其自身特殊的地位和作用。食品加工业作为第二产业中的一个行业集群，是连接第一产业（农林牧渔业）和第三产业（主要是服务业）的重要纽带。首先，我国食品加工业的发展与第一产业联系紧密，二者是相互促进的关系。食品加工业是连接第一产业最紧密的下游产业，是其生产的继续、发展和进一步深化，第一产业的发展为食品加工业提供了充足的原材料，而且第一产业的发展规模对食品加工业起着决定性作用。食品加工业的原料几乎全部来自于农业，食品加工业的发展亦对农业生产具有积极作用，可以为农业的健康发展提供更为广阔的市场，并能提高农民的收入和生活水平，反过来，农业的健康发展和农民收入的提高，也会促进食品加工业的发展。其次，食品加工业自身作为工业的行业之一，还能带动机械工业、包装等行业的发展，对于行业内部的协调发展和运行具有推动作用。最后，食品加工业企业制造出产品后，需要经过流通、运输、消费等环节才能进入市场，进而拉动了以服务业为主的第三产业的发展。

(2) 稳定就业

食品加工业的发展对于提高居民收入、保持经济合理增长、保持社会治安稳定等方面具有重要作用。尤其对于我国这样的人口大国而言，比世界其他国家有更高的食品需求,因此,食品加工在中国的意义更为深远重大。作为农业产业化的主要推动力,中国食品工业的发展在有效解决农村发展、农业增效、农民增收的"三农"问题,增加财政收入、实现社会充分就业,以及保持经济持续、合理的发展等都方面具有重要作用。

(3) 生态保护问题突出

食品加工行业在发展的过程中,带来了显著的经济效益,但同时也产生了大量的废水、副产物和废弃物等。当前中国食品加工业还是以农副食品加工原料的初加工为主,过程副产物和废弃物产生量大,而低产污的精细加工比例低,尚处于成长期。因此,随着食品工业产量的增加,副产物和废弃物的产量也在逐渐增加。这些副产物大多可作为农田肥料,有的则是富含营养物质的饲料,如果合理利用,可节约资源,并能促进农副业的发展;如果不加利用或利用不当,则将成为主要的环境污染源。

1.2 食品加工行业用排水现状及水污染特征

1.2.1 食品加工行业用排水现状

农副食品加工业废水污染物浓度高、排放量大且达标排放率低,污染减排和资源化的潜力巨大。据年鉴统计,2018 年农副食品加工业(包括玉米加工、畜禽养殖等)废水排放量 1.32×10^9 t,在 41 个分类行业中排名居第 4 位,而排放达标率仅居第 37 位,其中最为突出的污染物 COD 年排放 4.96×10^5 t,排名居第 2 位,导致大量有机污染物因不达标排放而成为重要水污染源。可见,我国食品工业不仅要重视污染物的排放控制,更要发展循环经济,提高资源综合利用率,继而对相关水污染物排放标准制修订工作提出了更高的要求。基于目前我国用水情况,非常有必要及时开展节水、废水治理工作,研发节水、治水的关键技术,形成整套食品加工行业废水治理的全过程控制技术。

1.2.2 食品加工行业水污染物特征

食品工业是经济发展的重要产业,对经济增长发挥了重要作用,但不容忽视的现实是食品工业现代化水平仍然不高。当前中国食品加工业还是以农副食品加工原料的初加工为主，而污染物排放低的精细加工比例低，尚处于成长期。创新能力薄弱直接的后果是造成食品工业的资源使用效率不高，废水、废气（包括二氧化硫、烟尘和粉尘）、固体废弃物（简称"三废"）的污染排放较为严重。

食品在其加工过程中，需要大量水对其各种原料进行清洗、漂烫、消毒、冷却；还要对容器和设备进行清洗。因此，食品加工业的用水量很大，废水排放量也很大，并且废水中含有大量副产物和废弃物。如果直接排放到环境中，则会产生严重的环境问题，需要经过一定的技术将其净化处理后达标后排放。

据《中国工业统计年鉴 2017》，在调查统计的 41 个工业行业中，食品工业废水排放量达到 255 331 万 t，占重点调查工业企业废水排放量的 13%；固体废物生成量为 3757.9 万 t，占比 1.7%；二氧化硫排放量为 40.68 万 t，占比 2.39%；烟尘排放量为 25.4 万 t，占比 4.62%；粉尘排放量为 0.69 万 t，占比 0.17%。食品工业每年用水量约 100 亿 m^3，耗电量 2500 亿 $kW \cdot h$，消耗煤 2.8 亿 t，排放废水 50 亿 m^3，产生废弃物 4 亿 t。

根据唐受印等的观点，食品加工行业废水主要来源于以下几个方面（图 1-9）。

①原料清洗工段。大量砂土杂物、叶、皮、鳞、肉、羽、毛等进入废水中，使废水中含大量悬浮物。

②加工工段（生物发酵-产品分离与提纯）。原料中很多成分在加工过程中不能全部利用，未利用部分进入废水，使废水含大量有机物。

③成形工段。为增加食品色、香、味，延长保存期，使用了各种食品添加剂，一部分流失进入废水，使废水化学成分复杂。

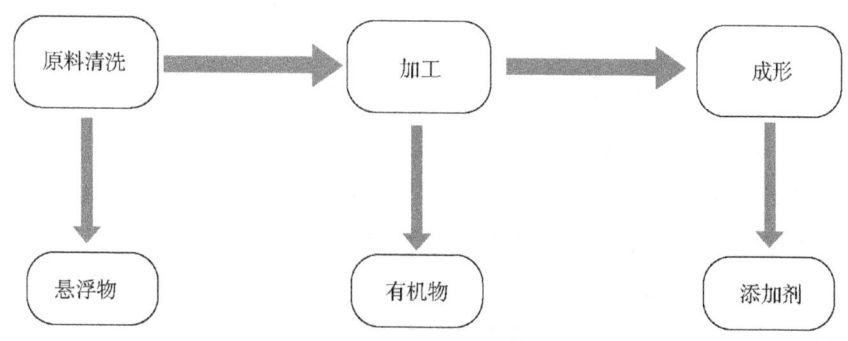

图 1-9　食品加工主要流程及产污水环节

因此，食品工业废水的特征主要体现在以下几个方面。

①废水量大小不一，废水总量大。食品工业从家庭工业的小规模到各种大型工厂，产品品种繁多，其原料、工艺、规模等差别很大，废水量从数立方米每天到数千立方米每天不等。近年来，食品加工行业污水排放量虽有所降低，但仍是污水排放量较大行业。2017年，在调查统计的41个工业行业中，废水排放量位居前4位的行业依次为造纸和纸制品业（16.9%）、化学原料及化学制品制造业（13.5%）、纺织业（11.7%）、农副食品加工业（7.7%），4个行业的年废水排放量101.1亿t，占重点调查工业企业年废水排放总量的49.7%。其中，农副食品加工行业占重点调查工业企业年废水排放总量的7.7%。

②生产随季节变化，废水水质、水量也随季节变化。其废水的产生和排放也相对集中，水质波动大。

③食品工业废水中可降解成分多，对于一般食品工业，由于原料来源于自然界，其废水中的成分也以自然有机物质为主，不含有毒物质，故可生物降解性好，部分废水BOD/COD高达0.8以上。

④废水中含各种微生物，包括致病微生物，废水易腐败发臭。

⑤高浓度废水多。一般来说，食品工业废水排放的废水浓度较高，BOD值500 mg/L以上的情况较多。在调查统计的41个工业行业中，食品加工行业化学需氧量所占比例最高，高达15.7%。化学需氧量排放量位居前4位的行业依次为农副食品加工业、化学原料和化学制品制造业（13.5%）、造纸和纸制品业（13.1%）、纺织业（8.1%）。4个行业的化学需氧量年排放量为128.9万t，占重点调查工业企业年排放总量的50.4%。

⑥废水中氮、磷含量高。在调查统计的41个工业行业中，食品加工业的氨氮排放量仅次于化学原料和化学品制造业，位居前4位的行业依次为化学原料和化学制品制造业（29.3%）、农副食品加工业（9.2%）、石油加工、炼焦和核燃料加工业（7.6%）、纺织业（7.5%）。4个行业的NH_3—N年排放量10.5万t，占重点调查工业企业年排放总量的53.6%。

根据生产原料和加工产品的不同，食品加工废水的成分、pH值、氮磷浓度、有机物含量也有着显著的区别，但均属于高浓度有机废水，具有悬浮固体（SS）含量高，BOD值、COD值大的特点。食品加工业有很多类，各类生产的废水又有其各自的特点（表1-3）。

国务院于2015年4月印发的《水污染防治行动计划》中明确提出要专项

整治十大重点行业，而食品加工制造业正是其中之一，需要制定专项治理方案，实施清洁化改造。

表1-3 食品废水来源和特点

加工厂类别	产品名称	原料	主要污染源	排水水质
肉类加工厂	红肠、咸肉（包括各种肉罐头）	禽肉、鱼肉、调料	原料处理设备、水煮设备、冷却水	pH 5.5~7.5 BOD 300~600 mg/L SS 100~150 mg/L
奶制品厂	奶油、干酪、加工奶、冰激凌	牛奶	设备和各器具清洗排水	pH 6.5~11.0 BOD 50~400 mg/L SS 70~150 mg/L
砂糖加工厂	砂糖、糖粒	原糖	过滤设备、冷却水	pH 6.0~8.0 BOD 80~200 mg/L SS 70~100 mg/L
膨化粉、酵母、其他酵母合成剂制造厂	膨化粉、酵母和酵母合成剂	面粉、糖蜜	糖蜜发酵排水、清洗排水、杂排水	pH 6.0~9.0 BOD 300~1200 mg/L
饮料厂	汽水、柠檬汁、橙汁、果露	砂糖、碳酸	设备和各种容器清洗水	pH 6.0~12.0 BOD 250~350 mg/L SS 100~150 mg/L
啤酒厂	啤酒	麦芽、酒花、碳酸	麦芽清洗设备和冷却水	pH 8.0~11.0 BOD 200~800 mg/L SS 210~350 mg/L
酒厂	白酒、威士忌酒、白兰地酒、果酒、药酒	薯类、各种水果和米	蒸馏后发酵排水、冲洗设备	pH 6.0~8.0 BOD 600~900 mg/L SS 600~2000 mg/L
调料厂	豆酱、酱油、食用氨基酸、西红柿酱、蔬菜调味汁、醋、香辣调料、咖喱粉	小麦、米和蔬菜	原料处理设备、洗涤设备、清洗排水	pH 6.0~8.0 BOD 40~300 mg/L SS 200~300 mg/L
粮食加工厂	白米、面粉、荞麦粉、玉米粉、豆粉、黄豆面	小麦和大豆	原料处理设备、收集装置排水	pH 6.0~8.0 BOD 20~400 mg/L SS 400~600 mg/L
食用油制造厂	食用油、色拉油、人造奶油、食用精制油脂	各种油	原油洗净设备、脱酸设备、冷却水	pH 1.4~7.0 BOD 150~1100 mg/L SS 90~100 mg/L
葡萄糖、麦芽糖制造厂	葡萄糖、麦芽糖	淀粉、麦芽	原料处理设备、漂白设备	pH 6.0~8.0 BOD 1500~2000 mg/L SS 1000~2500 mg/L

1.2.3　食品加工行业水污染危害

食品加工废水的成分因原材料、产品和生产工艺的不同有着较大的区别，但总体上均含有大量的氮、磷及碳水化合物等微生物生长赖以需求的营养物质，如果食品加工环节产生的污水未经处理便直接进行排放，会大幅增加水体中所含的养分，使微生物大量繁殖，短时间降低水体的溶解氧含量，导致排放的水体发黑、腐败、发臭，使鱼类和水生生物死亡。严重地削弱水体的自净能力，甚至引起水华、赤潮等水体富营养化现象。若将污水引入农田进行灌溉，会影响农产品的食用，并污染地下水源。

此外，食品加工废水含多种微生物、病原微生物污水中夹带的动物排泄物，含有虫卵和致病菌，将导致疾病传播，直接危害人畜健康。对水质卫生安全造成重大影响。例如，吉林省玉米加工业由于缺少资金和切实可行的办法，大多数玉米加工企业对污染环境的治理严重滞后，给周边地区经济发展和群众生活带来了极大的影响。吉林省玉米加工过程中酒精生产占了很大的比例，而酒精生产过程中对环境造成的污染是非常严重，目前，由于酒精生产已造成松花江污染。糠醛是一种重要化工原料，其一方面，以玉米芯等农业副产物为原料；另一方面，在生产过程中又会产生大量的废水，污染严重。以辽河流域为例，其上游的辽宁铁岭市和吉林四平市约有年产千吨以上规模的糠醛厂20余家，每年排放废水约40万t，COD 0.6万~1.0万t、醋酸0.8万~1.2万t，对辽河上游及中下游水体和当地环境造成了严重污染，对农村生态环境造成严重破坏。因此，对辽河上游糠醛厂的整体工艺改造刻不容缓。每生产1 t糠醛约产生废水20 t。对糠醛初馏塔底废水监测发现其中含2.0%~3.0%的醋酸，呈混浊状、土黄色，透光率<60%，除水、醋酸外，还含有少量糠醛及其他微量有机酸、有机醛等。若此废水不经处理而直接外排，必然使水体遭到酸性污染，破坏环境结构，对水系统的生态平衡及人体健康造成不良影响，对饮用被污染水体的禽畜及污染水体灌溉的农作物造成伤害。

果汁废水具有排放量大、水质差、污染物种类复杂、易降解、间歇性等特点，特别是废水COD、SS和酸度均较高；若污水不经处理直接排入水体，将会使水体内生态系统受到影响，严重时将会出现水体酸化、缺氧发臭，最终导致水生生物死亡等，从而使周围水体环境质量下降，破坏生态平衡。由于果汁生产过程中废水的高有机负荷及酸碱浓度变化使水体内生态系统结构受损，使鱼虾的摄食、生长受到严重影响，甚至使鱼虾中毒、发生疾病或死亡的事件频频发生，对周边的作物产量和质量都造成严重的影响。

味精废水水量大，有机物含量高，COD 达 20~80 g/L，悬浮物及氨氮含量高，pH 值低，处理难度极大，处理成本极高，由于很多味精生产厂未能有效地处理味精废水，给环境和社会发展带来了极大危害；味精工业生产废水对环境造成的污染问题日趋严重，在众所周知的淮河流域污染问题中，它是仅次于造纸废水的第二大污染源，味精废水的治理已经成为制约味精生产企业发展的重大难题。酿造（发酵）行业是淮河地区主要的支柱行业之一，酿造（发酵）工业废水也是淮河流域主要的污染源之一。

2 食品加工行业水污染控制现状与需求

2.1 食品加工行业水污染控制政策法规

(1) 污水排放标准

水污染物排放标准是我国进行污染控制的一项基本手段。我国水污染物排放标准包括行业型和综合型两类,有行业排放标准的优先执行行业排放标准,其他执行污水综合排放标准。食品加工行业现行的水污染物排放标准如表2-1所示。

表2-1 食品加工行业现行的水污染物排放标准

加工厂类别	标准名称
食品综合废水	GB 8978—1996《污水综合排放标准》
淀粉及淀粉制品制造	GB 25461—2010《淀粉工业水污染物排放标准》
味精制造	GB 19431—2004《味精工业污染物排放标准》
发酵制品制造	GB 19430—2013《柠檬酸工业水污染物排放标准》
酒精制造	GB 27631—2011《发酵酒精和白酒工业水污染排放标准》
肉类加工	GB 13457—1992《肉类加工工业水污染物排放标准》
酵母工业	GB 25462—2010《酵母工业水污染物排放标准》
啤酒工业	GB 19821—2005《啤酒工业污染物排放标准》
食用植物油工业	HJ/T 184—2006《清洁生产标准食用植物油工业(豆油和豆粕)》
食品加工行业	《食品加工制造业水污染物排放标准(征求意见稿)》
制糖工业	GB 21909—2008《制糖工业水污染物排放标准》

由表2-1可知,我国食品加工行业的污染物排放国家标准的数量较少、覆盖度较低,现有的排放标准多是遵循污水的综合性排放标准。该标准在执行中,不够适宜,主要原因如下。

①受控指标没有针对性，不利于管理《污水中综合排放标准》GB 8978—1996 中污染物指标达 69 种，就某一行业或产品而言，应针对其废水的特点选择相应的控制指标。

②综合标准的标准值偏严，目前的废水处理技术难以使某些食品废水，如酵母废水达标排放，综合标准中 COD、BOD 等指标的标准值偏严，现有技术不能达标。

③现行的排放标准不利于某些食品行业的发展。现有的废水处理技术费用很高且达不到综合排放标准，严重阻碍了某些食品行业的发展。与欧美国家相比，我国的酵母废水达标治理难度更大，这有利于我国酵母产品在国际上的竞争。

在制定国家污染物排放标准等强制性技术法规时，应借鉴发达国家同类标准，在充分考虑国情的条件下，逐步提高我国污染物排放标准，推动行业、产业结构调整和技术进步。

（2）水污染控制行业政策

食品加工产业是我国重要的支柱产业，为了提高行业技术水平，控制行业水污染问题，促进行业绿色发展，国务院办公厅及相关部委相继出台了一系列的法律法规、排放标准、技术政策和食品产业政策，从不同方面，多渠道支持和引导行业持续健康发展，具体政策如下。

①以《国务院关于印发水污染防治行动计划的通知》（国发〔2015〕17 号）、《2018 年中国食品制造业管理体制和政策》、《国务院关于进一步加强淘汰落后产能工作的通知》（国发〔2010〕7 号）、《国家发改委 工业和信息化部关于促进食品工业健康发展的指导意见》（发改产业〔2017〕19 号）等工业和信息化部关于食品加工行业节能减排等法律法规为政策导向，对食品加工行业产能及水污染治理进行调控，要求到 2025 年，食品加工企业污染物排放、工序能耗全面符合国家和地方规定的标准。

②随着环保压力不断加大，推动新技术的开发应用。政府相关部门及行业协会积极推进落实《绿色制造工程实施指南（2016—2020 年）》《工业绿色发展规划（2016—2020 年）》《智能制造发展规划（2016—2020 年）》《中国制造 2025》等。食品加工企业积极行动，抓住发展机遇，努力实现智能制造、绿色制造、绿色发展，目前行业多家企业成为绿色工厂示范企业，承担工业和信息化部绿色集成项目，实现了可持续良性发展。例如，绿色工厂示范企业有秦皇岛骊骅淀粉股份有限公司、齐齐哈尔龙江阜丰生物科技有限责任公

司、山东润德生物科技有限公司、诸城东晓生物科技有限公司、新疆梅花氨基酸有限责任公司、呼伦贝尔东北阜丰生物科技有限公司、日照金禾博源生化有限公司、山东香驰健源生物科技有限公司、山东御馨生物科技有限公司、山东西王糖业有限公司等；国家绿色集成专项支持单位有安琪酵母股份有限公司、福建省建阳武夷味精有限公司、保龄宝生物股份有限公司、山东润德生物科技有限公司、呼伦贝尔东北阜丰生物科技有限公司、河南飞天农业开发股份有限公司、新疆梅花氨基酸有限责任公司等。

③国务院发布的《"十三五"国家战略性新兴产业发展规划》中指出，生物制造产业开展新型工程菌、新型酶制剂、氨基酸、寡糖和生物基材料、生物质纤维、非粮食发酵、绿色生物工艺过程的产业化示范及应用。中国生物发酵产业协会发布的《中国生物发酵产业"十三五"发展规划》中指出，"十三五"期间发酵产业积极推动高附加值发酵制品的产业化进程，开发新型氨基酸等高附加值产品，提升高成长性、高附加值产品的占比和水平，加强产品的应用推广。

④国家开放玉米深加工政策以来，加上玉米主要产区政策优惠扶持及国家玉米去库存的压力下，很多企业存在扩产及新建玉米深加工项目的趋势。2018年大部分项目处于建设期及试生产期，对原有市场未造成实质影响。2019年，新的产能陆续进入市场，对已饱和的淀粉糖、赖氨酸等食品行业将带来较大的冲击，行业竞争必将更加激烈。从供给侧来看，供大于求，则可以从生产端和要素供给端入手，调整要素分配，化解过剩食品加工产能。积极创新提升高端产品质量、数量，推动食品加工产业转型升级，走出发展困境。

⑤考虑到国家粮食安全问题，在鼓励食品加工行业绿色发展的同时，国家相关部委提出对食品加工行业用量给予一定的控制，特别是对新改建项目严格控制，旨在遏制玉米深加工业盲目过快发展的势头，避免生产与饲料行业出现争粮现象，平抑目前部分产品价格因玉米价格上涨而上涨的局面。

2006年12月，国家发展改革委针对枸橼酸行业快速发展中重复建设、新建企业技术装备水平落后等问题发布了《关于加强玉米加工项目建设管理的紧急通知》（发改工业〔2006〕2781号），2007年9月下发了《关于清理玉米深加工在建、拟建项目的通知》（发改工业〔2007〕1298号）和《关于促进玉米深加工业健康发展的指导意见》（发改工业〔2007〕2245号），对玉米《关于促进玉米深加工业健康发展的指导意见》中指出要加强科技研发，增强自主创新能力，不断提高产业的整体技术水平，在支持玉米加工业共性关键技术装备研发的同时，有机酸行业要淘汰钙盐法提取工艺，缩短发酵周期10%，提高产酸率和总收率，降低电耗和水耗。同时，国家发展改革委也明确提出"十一五"时期玉米深加工用量规模不得超过玉米消费总量的26%（按2008—2009年消费折合为4100万t），并限制发展以玉米为原料的柠檬酸、赖氨酸等出口导向型产品，以及以玉米为原料的食用酒精和工业酒精的生产。2011年5月30日，《国家发展改革委、环境保护部关于2010年玉米深加工在建项目清理情况的通报和开展玉米深加工调整整顿专项行动的通知》（发改产业〔2011〕1129号）（以下简称《通知》），《通知》指出，从2011年6月至2012年年底，在全国开展为期一年半的"全国玉米深加工业高速整顿专项行动"通过此次行动，使深加工消耗玉米量下降到合理水平，其中2011年全国玉米深加工消耗总量需在2010年基础上减少550万t，2012年再减少100万t。氨基酸行业作为发酵行业一个重要的用粮子行业，也必将会受到一定的影响，如何应对产业政策的影响、发展原料的多元化是我们面临的重要课题和任务。《国务院关于发布实施〈促进产业结构调整暂行规定〉的决定》（国发〔2005〕40号）和《国务院关于印发节能减排综合性工作方案的通知》（国发〔2007〕15号）指出，对按规定应予淘汰的落后造纸、酒精、味精、柠檬酸产能（包括落后企业、落后生产线、落后生产工艺技术和装置）采取措施促使其淘汰。2009年5月18日，国务院发布的《轻工业调整和振兴规划》提出2009—2011年我国轻工业调整和振兴的原则、目标、主要任务及相关政策措施等，并提出在2009—2012年将继续淘汰柠檬酸落后生产能力5万t/a。2011年国家发展改革委又发布《产业结构调整指导目录（2011年版）》（以下简称《目录》），《目录》中规定柠檬酸行业主要淘汰2万t/a及以下柠檬酸生产装置，鼓励发展发酵法工艺生产小品种氨基酸（赖氨酸、谷氨酸除外），同时限制5万t/a以下且采用等电离交工艺的味精生产线，淘汰3万t/a以下味精生产装置。国家发展改革委、科学技术部、工业和信息化部、商务部和知识产权局联合发布的《当前优先发展的高技术产业化重点领域指南（2011年度）》指出，鼓励开发小品种、高附加值氨基酸的食品和大宗发酵制品的绿色生产技术，利用生物质生产聚氨基酸等可降解材料。

⑥国家对环境保护、资源能源消耗的要求逐年提高，行业企业在解决污染排放问题方面持续投入，清洁生产、末端治理和资源综合利用新技术不断开发，并不断在行业内推广应用，全行业资源、能源利用效率和清洁生产水

平将得到更进一步的提升。食品加工产业研发水平和成果转化能力虽有所提升，但仍达不到理想水平，高端产品稀缺；在高通量筛选、合成生物、代谢调控等基础领域的技术水平，与欧美等发达国家相比还存在差距；酵素行业部分企业现有产品仍模仿日本、泰国和我国台湾酵素，关键技术和装备创新能力相对较弱；产品新的应用领域开发不足，缺乏配套应用研发体系。枸橼酸、味精、山梨醇、酵母等产品生产技术工艺业内已达到国际先进水平，从而大幅提高了产品市场竞争力。枸橼酸行业平均产酸率由 2011 年的 14.19% 提高到 2018 年的 16.88%；谷氨酸采用了高性能的温敏菌种发酵技术，产酸率提高到 20 g/dL 以上；采用新型浓缩连续等电提取技术替代传统等电离交换提取工艺。2005 年，国家发展改革委、科学技术部会同水利部、建设部和农业部联合发布了《中国节水技术政策大纲》（以下简称《大纲》），《大纲》中的重点节水工艺部分指出要发展食品与发酵工业节水工艺，推广脱胚玉米粉生产酒精、淀粉生产味精和枸橼酸等发酵产品的取水闭环流程工艺，推广高浓糖化醪发酵（酒精、啤酒、酵母、枸橼酸等）和高浓母液（味精等）提取工艺，推广采用双效以上蒸发器的浓缩工艺；淘汰淀粉质原料高温蒸煮糊化、低浓度糖液发酵、低浓度母液提取等工艺。食品加工行业耗水量大幅降低，吨产品耗水量逐年递减，许多工厂建立了循环用水系统，有的已经将处理后的中水加以利用，减少了排放，节约了水资源，并在资源综合利用、环境整治方面取得了多项突破，获得了良好的经济效益和社会效益。

2.2　典型行业水污染控制现状

食品加工业以粮食、薯干、农副产品为主要原料，因此，生产过程中排出的废渣水含有丰富的蛋白质、氨基酸、维生素及糖类和多种微量元素等，属于易于生物降解的有机废水，常见的食品废水处理工艺方法多是"预处理＋生物处理＋深度处理"工艺，其中预处理和深度处理的方法有固液分离、膜法、吸附、絮凝等多种组合工艺。例如，玉米酒精糟经固液分离，滤渣生产蛋白饲料，滤液尚需浓缩干燥继续生产饲料或经厌氧－好氧治理；薯干酒精糟经固液分离，滤渣直接作蛋白饲料，滤液经厌氧－好氧治理或回用生产；啤酒废渣水回收酵母生产饲料酵母后，尚需进行两级好氧治理；味精发酵废母液回收菌体蛋白后，尚需进行浓缩等电点提取谷氨酸或好氧处理；枸橼酸中和废液经厌氧发酵生产沼气后，尚需采用好氧工艺处理等。其常用的处理工艺方法核心是生物处理，但是在应用生物处理食品工业废水时，一般需经格栅、筛网、沉沙和沉淀预处理，以去除原废水中的泥沙、大颗粒的悬浮物等杂质和无机固体物，再进行生物处理。

食品废水的生物处理技术分为厌氧生物处理技术、好氧生物处理技术及厌氧-好氧生物处理技术。相对来说，厌氧生物处理技术具有对有机废水浓度适应性强、产生沼气能耗低、生产负荷高、占地少、投资省、剩余污泥量少，且其浓缩性、脱水性好等优点；但是厌氧生物系统的出水浓度高，很难达到现行的排放要求，厌氧微生物增殖缓慢，设备启动时间长，厌氧系统的防火、防爆要求高，增加了设备投资和运行管理难度。好氧生物处理技术的污染物处理率较高，适用于处理净化程度高和稳定程度较高的污水。但是其好氧生物处理技术中需要增加曝气设备，增加了设备投资、运行费用等。

值得注意的是，完全使用厌氧生物处理法处理，虽可以回收沼气能源，但很难达到排放标准。而如果采用两段好氧生物处理法，不仅投资大，而且动力消耗和运转费用也较高。另外，好氧生物处理法比较适用于处理低浓度有机废水，如果用于处理高浓度有机废水，有时会出现污泥膨胀的问题。因此，为了使高浓度有机废水得以更为有效的处理，可以采用厌氧生物处理法先做预处理，然后用好氧生物处理法再处理，这在技术上是可行的，经济上是合理的。厌氧-好氧治理工艺能充分发挥厌氧微生物抗冲击负荷能力，并可提高污水可生化性，兼有利用好氧微生物生长速度快、出水水质好、运行费用低的优点，同时通过厌氧发酵产生的沼气回用于锅炉燃烧等，达到节能减排的效果，在有机废水处理中获得广泛应用。

又因食品加工废水及其综合废水的有机物浓度差异性较大，食品加工废水排放标准逐步提高，生物处理工艺流程采用了多种工艺组合的模式，具体采用哪几种工艺进行组合，要根据具体食品废水的水质、水量，回收其中有用物质的可能性、经济性、受纳水体的具体条件，并结合调查研究与经济技术比较后决定，必要时还需要进行实验，最后确定技术和经济最优的组合工艺。

食品加工行业普遍实行的清洁生产审核制，是清洁生产在企业层次的主要实施手段。它可以帮助企业从污染源头减少或消除废弃物的产生，从而实现最小的环境影响、最少的资源能源使用、最佳的管理模式及最优化的经济增长水平，最终实现经济的可持续发展。

目前，我国已出台的与食品行业有关的清洁生产标准有《清洁生产标准　啤酒制造业》（HJ/T 183—2006）、《清洁生产标准　食用植物油工业（豆油和豆粕）》（HJ/T 184—2006）、《清洁生产标准　甘蔗制糖业》（HJ/T 186—2006）、《清洁生产标准　乳制品制造业（纯牛乳及全脂奶粉）》（HJ/T 316—2006）、《清洁生产标准　白酒制造业》（HJ/T 402—2007）、《清洁生产标准　味精工业》（HJ 444—2008）、《清洁生产标准　淀粉工业（玉米淀粉）》（HJ 445—2008）、《清洁生产标准　葡萄酒制造业》（HJ 452—2008）、《清洁生产标准　酒精制造业》（HJ 580—2010）等。

目前我国食品工业体量大，细分行业多，其产生的废水复杂、排放量也较高。虽然已有的食品行业的清洁生产标准的颁布，为保护环境和食品行业开展清洁生产提供技术支持和导向。但是，远远不能满足食品行业的发展需要，随着技术的发展和不断进步，这些标准将适时扩充和修订。

2.2.1　淀粉废水污染控制现状

（1）淀粉废水主要来源和特点

根据《中国食品工业年鉴 2017》可知，我国淀粉生产的主要原料作物为玉米。淀粉在加工过程中产生大量的高浓度酸性有机废水，其含量随生产的波动而时有变化，其 COD 通常在1000 mg/L左右。不少企业排放的废水得不到有效处理，肆意排放，往往是一个淀粉厂造成周围排水沟（或塘）臭气熏天，对水环境危害极大，造成严重污染。

玉米淀粉废水主要来源于浸泡、胚芽分离、纤维洗涤和脱水等工序。玉米淀粉生产不受季节影响，可全年生产。工艺用水量较大，一般为5~13 m³废水/t 玉米，因此，玉米淀粉生产主要表现为耗水量大和淀粉的提取率低的特点，使我国玉米淀粉生产工艺产生的废水量较大、污染物浓度高。

（2）淀粉工业的清洁生产

我国于2008年颁布了《清洁生产标准　淀粉工业》（HJ 445—2008），标准从生产工艺、装备要求、资源能源利用指标、污染物产生指标、废水回收利用指标、环境管理要求等方面进行了详细的规定。经过多年的努力，取得了显著的成绩。

其工艺改造的方面有淀粉厂生产中水的平衡实现闭环生产，降低了生产过程中干物质的损失，做到减少污染环境，甚至无污染环境，同时降低水的消耗量，提高淀粉生产的经济效益和社会效益。采用先进的淀粉提取工艺与精制工艺。用针磨曲筛代替了石磨筛、转筒筛，使工艺流程有了较大改进，设备选型更加合理，干物质损失可大为减少。麸质水的处理，取消沉淀池浓缩、板框压滤机压滤等老工艺，采用离心分离机浓缩、真空吸滤机脱水、管束干燥机干燥的新工艺。该工艺可以连续生产，使蛋白粉收率提高，质量也大为提高。采用密闭式蒸汽凝结水回收系统和高温凝结水回收装置，合理使用蒸汽和回收余热。采用自动化技术有效控制工艺参数，使物料、工艺过程用水、能源都处于平衡状态，并最大限度减少跑料、泄漏、冒罐等损失浪费的发生。在葡萄糖生产中将产生大量的副产品——母液，一般在葡萄糖工业中，母液占投料（淀粉）量的20%左右，如不进行综合利用，势必造成很大的浪费。

（3）淀粉工业的废水处理工艺

我国于2014年颁布了《淀粉废水治理工程技术规范》（HJ 2043—2014），淀粉废水治理总体上宜采用"预处理+厌氧生物处理+好氧生物处理+深度处理"的污染治理工艺，工艺流程如图2-1所示。淀粉工业企业可依据淀粉生产原料种类、产品种类、废水性质选择合适的废水处理工艺线路和单元技术。

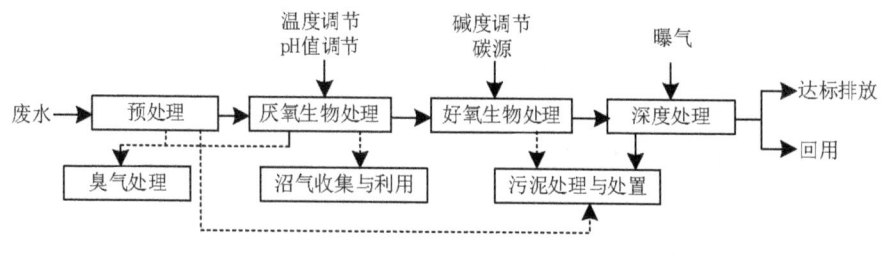

图2-1 淀粉废水处理工艺流程

①预处理工序中，淀粉生产废水应通过格栅、沉淀、气浮等工艺去除悬浮物后进入调节池，进行水量调节。

②厌氧生物处理可选用升流式厌氧污泥床反应器（UASB）、厌氧颗粒污泥膨胀床反应器（EGSB）、内循环厌氧反应器（IC）等工艺；废水在进入厌氧反应器前应先进行pH值调节和温度调节；淀粉及变性淀粉生产废水需先投加营养盐调节碳氮比，再进行厌氧生物反应。

③好氧生物处理可选用序批式活性污泥法（SBR）、厌氧/好氧（A/O）+二沉池、氧化沟+二沉池等工艺。

④深度处理可选用混凝沉淀、砂滤、膜生物反应器（MBR）等工艺；根据用水需求可通过纳滤、反渗透处理后回用。根据回用目的的不同，回用时可选择超滤、超滤+反渗透（RO）、超滤+RO+混合离子交换床等工艺。可采用MBR代替好氧生物处理（脱氮处理）+深度处理，也可将MBR作为深度处理工艺。

（4）现有工艺的不足之处

以生物处理为主的工艺具有以下不足：沉淀池固液分离效率不高，容积负荷低，占地面积大；出水不稳定；传氧率低，能量消耗高；剩余污泥多，污泥处理费用高；运行管理复杂；冲击负荷能力差，运行不稳定。玉米加工业废水排放量大，有机物含量高，国内外专家学者都对其处理方法进行了研究，但是仅采取末端治理和减量化的方法处理废水，不能使废水所含的有机物得到有效的回收利用。玉米加工废水中总糖含量为0.3%~0.7%，粗蛋白含量为2.1%，固形物含量为5%~10%，粗纤维含量为2%~3%，脂肪酸含量为0.1%~0.3%，都是可以进行回收的宝贵资源，如果能够得到有效利用，就能够满足未来可持续能源体系的发展。

2.2.2 酒精废水污染控制现状

（1）酒精废水主要来源和特点

酒精工业的污染以水的污染最为严重。生产过程的废水主要来自蒸馏发酵成熟后醪排出的酒精糟（高浓度有机废水），生产设备的洗涤水、冲洗水（中浓度有机废水），以及蒸煮、糖化、发酵、蒸馏工艺的冷却水等。

（2）酒精工业的清洁生产

我国于2010年颁布了《清洁生产标准 酒精制造业》（HJ 581—2010），标准从生产工艺、装备要求、资源能源利用指标、污染物产生指标、废水回收利用指标、环境管理要求等方面进行了详细规定。经多年的努力，取得了显著的成绩。目前酒精清洁生产的主要发展方向是节能降耗和酒精糟的综合利用，同时采用更加先进的低能耗双酶法液化糖化工艺、高温活性干酵母连续发酵工艺、差压蒸馏工艺、玉米酒精糟生产DGGS充分回收酒精制造饲料等方法，可以达到节能降耗的目的。此外，玉米原料脱胚提取植物油、循环利用冷却水、二氧化碳回收、提高设备的自控水平等措施都可以促进企业清洁生产。

(3) 酒精工业的废水处理工艺

我国于2010年颁布了《酿造工业废水治理工程技术规范》（HJ 575—2010），酒精废水治理总体上宜采用"资源回收—厌氧生物处理—生物脱氮除磷处理—回用或排放"的分散与集中相结合的综合治理技术路线，其各部分的技术选用原则如下：①资源回收一般采用固液分离、干燥等处理技术；②厌氧生物处理宜采用两级厌氧处理技术，其中，一级厌氧发酵处理针对高浓度有机废水和废渣水，二级厌氧硝化处理针对酿造综合废水；生物脱氮除磷处理一般采用"厌氧+缺氧+好氧+二沉/过滤"的污水活性污泥处理技术；废水回用的深度处理宜采用凝聚、过滤、膜分离等物化处理技术。根据用水需求可通过纳滤、反渗透处理后回用。根据回用目的的不同，回用时可选择超滤、超滤+反渗透（RO）、超滤+RO+混合离子交换床等工艺。可采用MBR代替好氧生物处理（脱氮处理）+深度处理，也可将MBR作为深度处理工艺。

(4) 现有工艺的不足之处

厌氧生物法在运行过程中容易出现污泥膨胀等现象，影响废水处理效率。存在出水有硫化氢臭味、过量硫化物抑制产甲烷菌（当废水中含有硫酸盐时）并使工艺运行不稳定，受到冲击负荷时易出现"酸败"等问题。

2.2.3 味精废水污染控制现状

(1) 味精废水主要来源和特点

味精工业主要废水来自：原料处理后剩下的废渣；发酵液经提取谷氨酸后，产生的废母液和离子交换尾液；生产过程中各种设备（调浆罐、液化罐、糖化罐、发酵罐、提取罐、中和脱色罐等）的洗涤水；离子交换树脂洗涤与再生废水；液化（95℃）至糖化（60℃）、糖化（60℃）至发酵（30℃）等各阶段的冷却水；各种冷凝水（准化、糖化、浓缩等工艺）。味精废水具有如下特点。

①污染物浓度高，有机物和悬浮物菌丝体含量高。味精生产过程中，每生产1 t味精需3 t淀粉、0.61~0.75 t尿素、140~150 kg硫酸，除部分原料转化成谷氨酸和排出CO_2外，大部分以菌体蛋白、残留氨基酸、盐、有机酸及酸根的形式随母液排出。同时生产过程中需要添加0.15~0.80 t浓硫酸和0.40~0.75 t浓氨水。排放高浓度废水约20 t，主要是发酵母液和离子交换尾

液，COD质量浓度高达30 000~70 000 mg/L，BOD质量浓度高达20 000~30 000 mg/L，氨氮质量浓度高达3 g/L。

②pH值低，一般为3.0~4.0，具有较强的酸性，主要成分是Cl^-或SO_4^{2-}。以硫酸作为原料生产味精的厂家，其废水中NH_4^+—N质量浓度高达7000~10 000 mg/L，SO_4^{2-}质量浓度高达28 000 mg/L，并且pH值偏低，一般为3左右。低pH值、高浓度的SO_4^{2-}和NH_4^+—N的废水对厌氧和好氧生物具有直接和间接毒性或抑制作用，不利于生化处理，属于难降解的高浓度废水。

(2) 味精工业的清洁生产

对于味精工业废水，已由生化处理转化浓缩处理，采用浓缩工艺处理味精废水较为彻底，但是由于需要处理的废水量太大，且需要消耗大量能源，对蒸发设备要求较高，一次性投资大。我国于2008年颁布了《清洁生产标准 味精工业》(HJ 444—2008)，标准从生产工艺、装备要求、资源能源利用指标、污染物产生指标、废水回收利用指标、环境管理要求等方面进行了详细规定。

(3) 味精工业的废水处理工艺

我国于2013年颁布了《味精工业废水治理工程技术规范》(HJ 2030—2013)，味精废水治理总体上宜采用"厌氧预处理+水质水量调节+厌氧/好氧生物处理+生物脱氮+深度处理"的污染治理工艺，工艺流程如图2-2所示。味精工业企业可依据味精生产原料种类、产品种类、废水性质选择合适的废水处理工艺线路和单元技术。

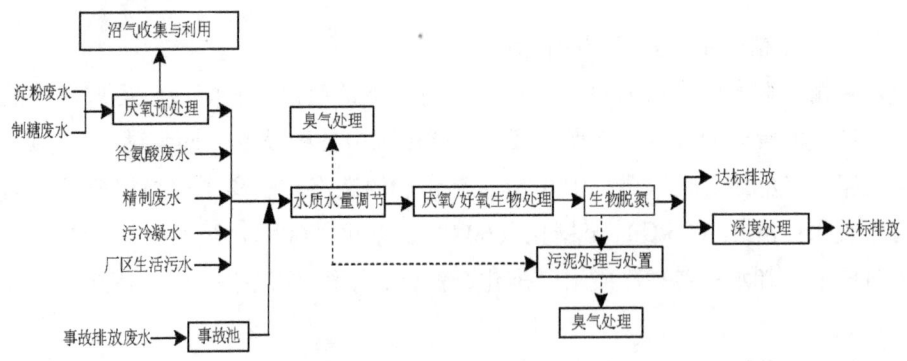

图2-2 味精废水处理工艺流程

厌氧预处理工序中，有淀粉生产的味精企业产生的淀粉废水宜优先综合利用，排出的淀粉废水与制糖废水混合，并采用以厌氧（主要工艺有IC和UASB）为主体的工艺预处理后，其出水再与其他废水一起混合进入综合废水处理系统。综合废水的生物处理为 A/O 工艺。生物脱氮的主要工艺为 ASND 工艺；深度处理可选用混凝沉淀、砂滤、膜生物反应器（MBR）等工艺。

(4) 现有工艺的不足之处

味精废水就处理现状来看，鉴于其水质特征，必须将多个处理单元连用，增大了废水处理的成本，且企业的处理率和达标率均很低。废水中所含的大量菌体和谷氨酸可作为优质蛋白源和生物养分，随意排放会造成物质上的浪费。因此，单纯进行末端处理难度很大，从工艺源头控制污染物产生和高浓度废水资源化综合利用一直是味精行业污染预防的主题。

2.2.4 枸橼酸废水污染控制现状

(1) 枸橼酸废水主要来源和特点

枸橼酸生产的主要污染物来自废弃的中和液和洗糖水。同时每生产 1 t 枸橼酸，约产生 2.4 t 石膏渣，其主要成分为二水硫酸钙，含量为 98% 左右。由于枸橼酸废石膏渣中，残留少量的枸橼酸和菌体，除少量用于水泥、铺路外，绝大部分废弃物没有合理利用；此外，枸橼酸发酵菌丝渣和淀粉渣也是困扰企业和环境污染的一个大问题。

废水主要来自枸橼酸提取车间的浓糖水和洗糖水，这两股废水浓度高、水量较大；而发酵车间的刷罐水虽浓度高，但是水量相对较少，有机负荷较少；其他各点排放的废水浓度较低，水量也不大。枸橼酸废水中含有大量的有机物（有机酸、糖、蛋白质、淀粉、纤维素等），以及 N、P、S 等无机物质，生产中糖化的淀粉质、未发酵的残糖、未能提取的枸橼酸等进入废水，形成高浓度的有机污染物。

(2) 枸橼酸工业的清洁生产

我国枸橼酸工业的清洁生产标准尚未颁布，企业推行的技术指导是 2007 年国家发展改革委制定的《发酵行业清洁生产评价指标体系（试行）》，其中枸橼酸行业评价体系从资源和能源消耗指标、生产技术特征指标、资源综合利用指标、污染物产生指标等 4 个方面进行了详细规定。经过多年的努力，取得了显著的成绩。其可在以下 4 个方面进行工艺改造。

①原料使用。木薯等为主改为玉米为主，运用基因工程、细胞工程技术改造枸橼酸菌种等。②生产工艺及设备。采用大型高效生物反应器，提高单罐发酵容积，降低单位产品、单位体积能耗，提高发酵效率、大型设备的节

能改造、色谱分离技术替代传统钙盐法提取工艺等。③回收利用。生产废弃物中有用物质的回收，延长产业链；研发回收利用废水中资源的技术。④节水措施。鼓励采用低流量、高效率的清洗设备，有效的节水、节能工艺技术，强化节水管理，如冷凝水循环回收利用技术、阶梯式水循环利用技术、生产过程中水回用技术等。

(3) 枸橼酸工业的废水处理工艺

枸橼酸废水属于高浓度有机废水、可生化性好，因此，国内外常用的废水处理方法是生化法。单独采用厌氧生物法或好氧生物法处理高浓度枸橼酸废水，往往不能达到国家排放标准，需要组合其他技术。枸橼酸废水治理总体上宜采用"预处理 + 厌氧生物处理 + 好氧生物处理 + 深度处理"的污染治理工艺，其工艺流程如图 2 - 3 所示。枸橼酸工业企业可依据生产原料种类、产品种类、废水性质选择合适的废水处理工艺线路和单元技术。

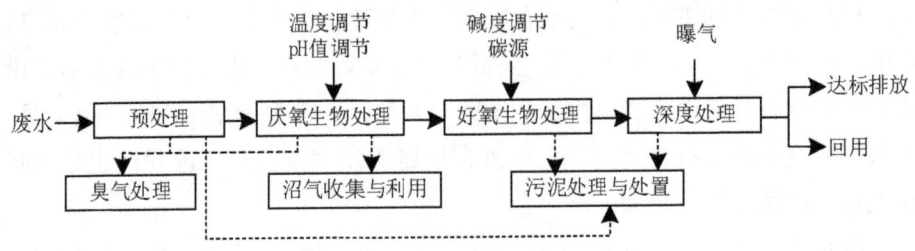

图 2 - 3 枸橼酸废水处理工艺流程

①预处理工序中，枸橼酸生产废水应通过格栅、沉淀、气浮等工艺去除悬浮物后进入调节池，进行水量调节。②厌氧生物处理可选用升流式厌氧污泥床反应器（UASB）、厌氧颗粒污泥膨胀床反应器（EGSB）、内循环厌氧反应器（IC）等工艺；废水在进入厌氧反应器前应先进行 pH 值调节和温度调节；淀粉糖及变性淀粉处理废水首先需投加营养盐调节碳氮比，然后再进行厌氧生物反应。③好氧生物处理可选用序批式活性污泥法（SBR）、厌氧/好氧（A/O）+ 二沉池、氧化沟 + 二沉池等工艺。④深度处理可选用混凝沉淀、砂滤、膜生物反应器（MBR）等工艺；根据用水需求可通过纳滤、反渗透处理后回用。根据回用目的的不同，回用时可选择超滤、超滤 + 反渗透（RO）、超滤 + RO + 混合离子交换床等工艺。可采用 MBR 代替好氧生物处理（脱氮处理）+ 深度处理，也可将 MBR 作为深度处理工艺。目前在枸橼酸行业，内循环厌氧处理技术（IC）+ 生物曝气法、内循环厌氧处理技术（IC）+ 厌氧

生物处理+序列间歇式活性污泥法（SBR）是应用较多、相对比较成熟的工艺。

（4）现有工艺的不足之处

厌氧生物法在运行过程中容易出现污泥膨胀等现象，影响废水处理效率。存在出水有硫化氢臭味、过量硫化物抑制产甲烷菌（当废水中含有硫酸盐时）并使工艺运行不稳定，受到冲击负荷时易出现"酸败"等问题。

2.2.5 赖氨酸废水污染控制现状

（1）赖氨酸废水主要来源和特点

赖氨酸发酵生产采用的离子交换法从发酵成熟醪液中提取赖氨酸，然后制成含量在98.5%以上的赖氨酸单盐酸盐成品。由于赖氨酸的特殊性质而使交换容易实现，具体特性表现在：①赖氨酸是两性氨基酸，其解离与pH值有关；②用氨水将发酵液pH值保持在9.5~10.0，吸附在树脂上的赖氨酸离子将转化为不带电的中性分子，对树脂的活性中心没有亲和力，树脂转化为NH_4^+型（R—NH_4）；③从吸附到洗脱是一个循环操作过程，吸附—水洗—反洗—洗脱—水洗，离子交换剂为交换树脂、洗脱剂为氨水。离子交换工序的技术要求高回收率、高的赖氨酸洗出液浓度，以减少浓缩时的蒸汽消耗和生产负荷、较少的离子交换树脂用量。与间歇离子交换过程相比，采用连续离交技术具有水量少、成本低等优点，但连续离交系统排放的冲洗废水浓度较高，其中硫酸铵质量分数约为7%，COD含量为（6~8）×10^4 mg/L，BOD含量为（3~4）×10^4 mg/L，氨氮质量浓度为2000 mg/L。

赖氨酸发酵时要加入硫酸铵，由于采用离子交换提取，发酵液上柱之前要用硫酸酸化、吸附后要用氨水解吸，所以产生高硫酸铵、高有机质、低pH值的离交废液。硫酸铵本身难以生物降解，反而严重抑制常规的厌氧质量过程，给成熟的厌氧处理带来困难，是这类废水难以治理的根源。

（2）赖氨酸生产废水的处理工艺

由于赖氨酸离交废液含高浓度硫酸盐而难以生物治理，目前还缺乏有效的处理方法，国内外大多数还处于研究阶段。随着赖氨酸废水排放量的增加，国内外许多研究者进行了赖氨酸废液有效处理与资源化的探索研究。目前主要的处理方法有利用赖氨酸废水生产单细胞蛋白或中和制备浓缩肥料，采用电渗析脱盐回收工业级硫酸铵，采用膜处理和厌氧需氧污泥法相结合或单一采用生化处理废水。

总体来说，目前对赖氨酸离交废水的处理以降低 COD 和 BOD，以便达到废水排放标准。虽然将废水制成肥料进行资源化利用，但蒸发浓缩结晶脱盐设备投资费用高、能耗大。按硫酸铵肥料的市场价 400~600 元/t，其经济效益不高。寻求和开发一种与国家产业政策相吻合的发展循环经济的废水处理模式，是赖氨酸离交废液处理的迫切需求。

2.2.6 大豆油脂废水污染控制现状

（1）大豆油脂废水主要来源和特点

根据大豆油脂浸出和精炼的生产工艺分析，在轧坯、浸出、碱炼、水洗、脱臭等生产工序中会产生工艺废水。其他，如毛油储存、油槽车的清洗、油脂包装、锅炉烟气的湿式处理，以及员工的生活办公过程等亦都会产生废水。

大豆油脂浸出和精炼过程产生的工艺废水是大豆油脂加工项目的主要废水污染源。大豆油脂浸出就是利用能溶解油脂的有机溶剂，通过湿润、渗透、分子扩散的作用，将料坯中的油脂提取出来，然后再把浸出的混合油分离而取得毛油的过程。一个完整的浸出工艺，除溶剂浸出这一主体工序外，还应包括混合油分离提取毛油、湿粕脱溶、烘干取得成品粕及溶剂回收系统等4个部分。目前，应用最广泛的浸出有机溶剂是在常温下呈液态的正己烷（C_6H_{14}）、工业己烷（含45%~90%的正己烷）和6号溶剂油等。浸出车间排放的工艺废水主要是湿粕脱溶、混合油气提、矿物油解吸、含溶废水蒸煮等工艺操作过程喷入的直接蒸汽，以及混合油负压蒸发过程中喷入的直接蒸汽，经冷凝器冷凝后产生的废水。大豆油脂精炼工序按照去除油脂中杂质的不同，可包括脱胶、脱酸、水洗、干燥、脱色及脱臭等工段。毛油中的胶质主要是磷脂，所以"脱胶"也称"脱磷"。其他胶质还有蛋白质及其分解产物、黏液质、胶质与多种金属离子（Ca^{2+}、Mg^{2+}、Fe^{3+}、Cu^{2+}）形成的配位化合物和盐类等。大豆油脂的脱胶普遍采用水化脱胶和酸炼脱胶。水化脱胶的基本原理是利用磷脂等胶溶性杂质的亲水性，将一定数量的水或电解质稀溶液，加入毛油中混合，使胶质能吸水膨胀、凝聚形成相对密度比油脂大的"水合物"，从而达到分离净化的目的；酸炼脱胶主要采用的是硫酸或磷酸进行脱胶。脱除毛油中 FFA（游离脂肪酸）的过程称为"脱酸"，是精炼工艺中影响油脂损耗与产品质量的关键工序，工业上应用最广泛的是碱炼法。碱炼法的工作原理是利用碱液中和毛油中的 FFA 使其生成肥皂，再将其析出分离。精炼车间排放的工艺废水主要是从离心机排出的碱炼脱酸后油脂水洗产生的洗涤水。

（2）大豆油脂废水的排放量

在正常的生产条件下，大豆油脂浸出和精炼工艺，废水产生量为 90~100 kg/t 料。生产冷却废水量一般为 30~50 kg/t 料。实际废水中污染物排放浓度的高低主要取决于生产工艺、规模和加工程度。一般来说，大豆油脂精炼工艺中脱胶脱酸工序产生的废水污染物浓度最高，碱炼工序中产生的皂脚 COD 可达 10 000 kg/t，含油量可达提炼物总量 2% 以上。以国内一大型油脂生产企业为例，其生产废水（浸出车间和精炼车间工艺及冷却废水的混合水）的污水实际指标：COD 1000~2500 kg/t，动植物油 200~400 kg/t，固体悬浮物（SS）200~300 kg/t，总磷 40~60 kg/t，pH 4~6。

（3）大豆油脂废水控制措施

对大豆油脂浸出和精炼工艺废水防治措施可分为源头控制措施和末端治理措施。

工艺废水的源头控制措施是最有效的防治措施。其通过采用高效先进的生产工艺和合理的生产管理，严格控制各生产工序的废水产生源，从根本上减少废水的产生量，降低废水的污染物浓度，同时也可为企业节省生产成本。通常采用的废水源头控制措施主要有采用先进的蒸脱机、节省湿粕脱溶所需的直接蒸汽用量，并提高蒸馏效率；采用合理有效的混合蒸汽中粕末的捕集方式（如旋风湿式捕集），减少混合蒸汽含粕末量；控制汽提过程直接蒸汽的流量、蒸汽压力及采用合理的汽提塔结构形式，防止油脂被带出冷凝器等。

通常对油脂废水的末端治理措施多采用物化与生化处理相结合的工艺。即经过预处理（隔油、破乳等）和一级处理（絮凝、气浮等）去除悬浮物和大部分的油，再经厌氧-好氧结合的生化处理去除剩余的有机物质。对于废水排放要求较高的地区，还需进行进一步的深度处理。深度处理通常采用的工艺主要以物化为主，即砂滤、生物活性炭吸附，以及氧化塘、土地处理等。通常大豆油脂精炼厂将精炼过程产生的粗皂脚出售给肥皂的生产厂家，但是这通常不是最经济的处理皂脚的办法，因为没有利用皂脚中的酸性油的价值。

2.2.7 大豆蛋白废水污染控制现状

(1) 大豆蛋白废水的主要来源和特点

目前国内的大豆分离蛋白生产厂都采用碱溶酸沉法提取分离蛋白工艺，即低温豆粕经萃取、分离、浓缩、喷雾干燥等工序得到成品大豆分离蛋白。

大豆蛋白生产废水来源主要有蛋白分离的乳清废水、酸沉、水洗、设备冷却水等，在理想状态下，大豆分离蛋白生产应采用闭路循环工艺，即豆粕萃取过程的最后一道采用新鲜水，在其他各工序中都使用过程水，同时在物料的萃取过程中都采用逆流的原则，只有这样用水量才能减到最低值，但在实际生产中，尤其是操作水平不高的中小大豆分离蛋白厂，受水质、水流量、计量、管理、员工等因素的影响，通常难以实施。在审核过程中发现大豆蛋白生产中用水量较大的原因：①用水缺乏计量，管理控制不够规范；②部分设备陈旧老化造成跑冒滴漏；③过程水水质或水量难以达到要求时不得不使用新鲜水；④清水在原材料和能源中相对廉价，造成管理者及员工的节水意识淡薄。大豆蛋白废水的特点：①排放量大。据统计，国内大豆分离蛋白企业每生产 1 t 大豆分离蛋白排放出 60~80 m^3 的大豆乳清废水，全国每年排放量在 300 t 以上。②有机物浓度、悬浮物浓度高，环境污染严重。其中 BOD 高达 5000~8000 mg/L，COD 高达 18 000~20 000 mg/L，SS 高达 1500 mg/L，给天然水体系统带来巨大的污染负荷，严重挑战人们的水环境安全。③有机物以蛋白质和低聚糖为主，包括大豆乳清蛋白、微量大豆球蛋白、油脂、蔗糖、水苏糖、无机盐等；可生化性好（BOD/COD 高达 0.6~0.7），营养配比合理 [m（C）：m（N）：m（P）=100：4.7：0.2]，有毒有害物质含量少，适于采用生物处理。④温度较高，pH 值较低，容易腐败并释放出硫化氢等恶臭气体；氮、磷含量较高，易导致水体富营养化。

(2) 大豆蛋白废水的排放

每吨大豆分离蛋白产生 30~35 t 的乳清废水，视工艺技术及管理条件而定。由于 COD、BOD 均较高，且 pH 4.5~5.5 显酸性，因而污染较为严重。

(3) 大豆蛋白废水控制措施

大豆蛋白废水处理技术研究现状：大豆蛋白生产废水是典型的高浓度有机废水，但无毒性，且具有良好的可生化性，适宜于采用生物法对其进行处理。其中，厌氧生物处理技术具有运行费用低、可回收再生能源沼气、剩余污泥少等突出优点,是经济高效的高浓度有机废水处理技术。AB活性污泥法等好氧处理工艺,对大豆乳清废水的处理效果良好。

目前采用的厌氧、好氧等生物净化工艺虽然可以将大豆乳清废水处理到符合国家一级排放标准(COD < 100 mg/L)的水平,但是企业对废水处理工程的投入是没有直接收益的,废水处理成本无疑缩小了企业的效益空间。更重要的是,大豆乳清废水中含有的包括大豆乳清蛋白、大豆低聚糖、大豆异黄酮、大豆皂苷、胰蛋白酶抑制剂、植酸、植酸盐、酚酸等生理活性物质,没有得到充分利用。

大豆蛋白清洁生产技术研究现状:在清洁生产审核过程中,主要针对减少废水产生,同时兼顾生产、管理的各个环节,提出解决思路。

①减少清水的使用,增加过程水循环利用,最终减少废水排放量。从以上提出的种种问题出发,对生产的各个环节进行改进,包括节水意识的培养、严格控制管理、节水技术的应用、过程水循环利用等。②除控制水量外,从生产中控制废水水质也是清洁生产的重要手段。因为生产废水高浓度COD来源于原材料,故在保证产品质量的前提下,通过规范管理、过程优化控制、设备维护等提高主产品和副产品的收率,减少不必要的损失和浪费。③能源的节约也是重要环节,采取措施节约煤、电、蒸汽,能够带来很好的环境效益和经济效益。④从生产设备、过程控制、产品、员工等方面逐一检查,寻找问题并加以解决。在清洁生产审核过程中,针对企业从管理到生产的各个环节进行全面会诊,认识到了存在的问题,并提出解决思路;在生产过程中采用具体措施加以解决,才能真正达到清洁生产审核节能、降耗、减污、增效的目的。

2.2.8 豆制品生产废水污染控制现状

(1)豆制品生产废水主要来源和特点

豆制品生产过程的主要工序包括泡豆、冲豆、磨浆、滤浆、点浆、压榨、成型等,从整个流程来看,污染来源是各工段中排放的污水及最终剩余的豆渣。最终的成品是水豆制品和干豆制品。在豆制品生产过程中会产生大量废水,其中主要是浸豆、泡豆及蒸煮用水,压滤废水和清洗设备所产生的废水,以及压榨过程中产生的黄浆水。

豆制品废水属于高浓度的有机废水,化学需氧量(COD)严重超标,特别是黄浆水，其 COD 高达 10 000～20 000 mg/L，其中有机物含量很高，可生化性强，极易腐败变质，直接排放会对环境造成很大的污染。所以必须对豆制品废水进行无害化处理达到工业废水排放标准以后才能排放。

豆制品废水处理易出现以下问题：①豆制品加工企业属于间歇生产，水量和水质不均匀，排水时间较集中；②高浓度废水在厌氧处理水解酸化段易酸化，是控制难点；③好氧阶段，如采用活性污泥法，易产生污泥膨胀。因此，豆制品生产废水能源化利用显得非常重要。

（2）豆制品生产废水的排放量

生产豆制品每使用 1 t 大豆大约就能产生 1 t 左右的泡豆废水、4～5 t 的大豆黄浆水和 10 t 左右的废水。浸泡大豆时加水量一般为大豆质量的 2～3 倍，大豆经过充分浸泡后质量为干豆质量的 2.0～2.2 倍，浸泡后还会有一部分水剩余，即泡豆废水，一般为干豆质量的 1 倍多；在压榨到成型过程中，为了使豆腐产品获得特定的含水量、弹性特征等，必须施加一定的压力把内部多余的水分通过布包排出，豆浆中的蛋白被凝固剂凝结成固体豆腐，豆腐与水分开，分离出来压滤废水，又称为豆腐黄浆水。另外，还有部分冲洗废水。

（3）豆制品生产废水控制措施

在豆制品生产过程中产生的废水中，泡豆水中的杂质比较多，而清洗设备所用的水可进行循环利用，大豆黄浆水中的可回收成分含量较高，所以对废水综合利用的研究对象主要是黄浆水。黄浆水中含有大豆乳清蛋白、多肽、低聚糖及异黄酮等有机成分，常用的处理废水的方法是利用好氧或者厌氧生物处理方法对废水进行消化使其达到污水排放标准后排放，这种处理方法虽然非常有效，但是处理废水的工序比较复杂且需要一定的设备及运行成本，最后还得不到任何回报，是十分不经济的。综合处理豆制品废水是回收利用其中的有效成分，并且在回收以后能明显地降低废水的 COD、可溶性固形物含量及其他指标，这样做既有效地处理了废水，又使得对豆制品废水处理的投入有了回报，是一举两得的事情。豆制品废水中的成分和利用碱溶酸沉法生产大豆蛋白时所产生的大豆乳清废水的成分极为相似，其主要成分都是水溶性好的糖和未沉淀的蛋白，处理豆制品废水的方法也可以参考处理大豆乳清废水的方法来进行。

①污水的综合利用。可见豆制品污水有很高的综合利用价值，收之是宝，弃之不仅给环境带来污染，同时也浪费了大量的宝贵资源。例如，利用黄浆

水作为酱油的生产原料润水及落曲用水；利用豆制品污水培养药用和医用酵母等；研究利用该污水生产白地霉，据了解每 40 t 污水可生产白地霉 200 kg，创利润 240 元，所以豆制品污水的综合利用是处理该行业污水的最佳对策。

②改革生产工艺、节约用水。在提高设备能力的同时，按生产顺序合理安排泡豆、冲豆等不相衔接的工艺环节，使之有利于污水的回收利用，节水和提高水重复利用率。对黄浆水和泡豆水应进行减压浓缩，回收利用固体物质，同时产生的蒸汽可用于蒸煮豆浆和黄浆水的排放。改变加工工序的水冲洗方法，用水量可减少 50%，冲豆后的水还可重复利用于卫生等方面。从该流程来看，只有冲豆水在重复利用（用于卫生等方面）后排放环境，有效地利用了水资源。

③污水的治理。豆制品污水中有机物含量很高，并且 BOD/COD > 0.5，属易生化污水，故豆制品加工厂的污水治理的最佳办法是生化处理，但我国许多豆制品加工厂规模小，基本上是以作坊为主，由于污水量小，收集困难，而治理工程一次性的投资过大，装置运行费用较高，所以此方法不宜广泛采用。目前，对该污水应考虑采用碱式氯化铝、聚铁和聚丙烯酰胺等絮凝沉淀法进行一级处理，絮凝沉淀下来的沉淀物应综合利用，然后将废水排入市政水处理厂集中治理。

2.3　食品加工行业水污染控制存在的问题

我国食品加工行业水污染控制存在的问题从企业、政府政策、市场、公众等方面解析，可分为污染控制的认识和态度障碍、技术障碍、保障机制的缺失、公众参与度低、污染物排放标准的缺失及污染控制战略转变滞后等。

（1）认识和态度障碍

食品加工企业的负责人对污染控制的认识不足，将污染控制简单地等同于降低污染产生的技术改造；或在尝试新的污染控制方案或清洁生产方案上顾虑重重，害怕失败；此外，企业维持正常生产的技术改造任务艰巨，污染防治资金不足或难以落实，结果在污染治理上，维持现状，得过且过。

（2）技术障碍

由于食品加工行业的特性，实施新型的污染控制技术，需要必备的技术基础条件。然而，许多食品企业缺乏污染控制所需的必要数据，以及获取数据所需要的设备、仪表等，无法落实污染控制；有的企业缺乏获得新型的污染控制的能力和途径，妨碍了企业及时了解水污染控制的最新发展动态和应用最新技术成果；企业职工特别是相关技术人员未能普遍接受污染控制方面的知识培训，开展污染控制的技术知识缺乏；此外，中小食品企业生产工艺和技术装备落后，不能解决存在的技术关键问题，因而难以有效开展污染控制工作。

（3）保障机制的缺失

目前，我国的污染控制机制主要是企业的被动接受，缺乏保障，企业缺乏相应的激励机制和约束机制加以驱动。例如，尽管我国于1996年出台了《中华人民共和国清洁生产促进法》，但是，由于目前我国政策性激励机制和约束机制相对滞后，主要是相关产业政策、资源政策、财税政策及排污控制制度等的缺失和不完善，执法力度很不够。结果，未能充分调动企业开展清洁生产的积极性，大多数食品企业仅将末端治理作为应付政府环保要求的主要手段。又如，我国目前的政策强调环境排放标准，尚未实行总量控制来减少废弃物的排放，加之资源定价和排污收费很不合理，环境和资源的价值长期被低估或忽视，排污收费采取超标收费，根本不足以治理污染物，结果使得企业缴纳排污费要比治理废弃物"合算"得多，严重影响了食品企业开展污染防治的积极性和主动性，企业宁愿采用末端处理以达规定的排放标准，也不愿意采用清洁生产方式进行源头削减。

导致上述现象的原因之一是市场机制发育不健全。由于市场对企业开展污染控制的拉力不强，使得食品企业对开展污染控制缺乏内在需求，严重影响到企业实施污染控制的积极性。进一步了解和分析，可知市场上缺少价廉物美的污染控制技术工艺供应给企业；同时，企业花费巨资研发和生产的无污染的产品的价值没有得到市场的充分认同。

（4）公众参与度低

我国公民参与环境保护、推崇污染控制的意识尚不够高，甚至连污染控制的概念本身还需要大力普及。即使多数人对环境污染不满，希望企业实施污染控制技术以减少污染，改善环境，但却不愿意从自身、从自己的企业做起，尤其是当环境保护工作一旦影响到个人或本单位利益的时候更是如此。

（5）污染排放标准的缺失

水污染物排放标准的执行是我国进行污染控制的一项基本手段。一般来说，水污染排放标准包括行业排放标准和综合排放标准，有行业排放标准的，优先执行行业排放标准。而在我国的污水排放标准中，仅有少数食品加工细分行业出台了相关行业标准，绝大多数食品加工的细分行业标准缺失，同时颁布的行业标准也存在着适用范围交叉现象严重，因而食品加工行业更多地在使用污水综合排放标准，在进行食品加工行业废水的污染控制中存在着一系列问题：①污染控制项目缺乏针对性；②未设总氮和细菌等与食品加工制造业密切相关的特征指标，可能导致这些污染物排放失控现象；③现行《污水综合排放标准》中 SS 含量限值要求相对较宽泛，总磷含量限值要求太严格，且污染物含量限值不能体现食品加工制造业的生产工艺、清洁生产技术和末端治理技术现状与发展趋势；④《污水综合排放标准》仅针对制糖工业和发酵及酿造工业两种食品加工制造业设置单位产品的最高允许排水量，大部分行业没有排水量的限制，只有浓度标准，很难杜绝稀释排放，进而无法实现对污染物排放总量的有效控制。

此外，《污水综合排放标准》中污染物指标无法有效地体现食品加工制造业的污染特征，不便于环境管理部门直接掌握行业废水的主要污染物及其特性。同时，该标准中污染物指标过多，地方环境保护部门执法过程选择监测时容易遗漏一些重要指标或者出现选择监测项目偏多的问题。

(6) 污染控制战略转变滞后

食品工业的污染治理大致经历了3个阶段，即稀释排放、末端治理和清洁生产。现阶段中国食品加工废水控制主要是末端处理模式，其主要为混合、集中处理，工艺流程如图2-4所示。

这种食品废水处理模式的特点是食品工业废水与其他行业工业废水混合处理，如工业废水与生活污水混合处理。随着经济与社会的发展，集中式处理模式越来越反映出建设和维护费用巨大、污水回用困难、营养成分难以有效回收等诸多弊端，主要体现在以下几个方面。

1) 混合集中处理系统运行性能受工业废水的冲击大

这种混合废水十分复杂，对处理系统的冲击很大。废水中含有大量的固体废弃物及胶体杂质，对后续处理系统会产生不良影响。例如，容易造成布水系统堵塞且堵塞后不易找到堵塞位置。废水产生中极端的 pH 值条件及消毒剂对厌氧处理系统的冲击，容易使厌氧反应器无法正常运行，故如何保证厌氧系统在低碱度条件下的稳定运行需要进一步研究。

2) 处理系统被动运行，出水水质波动大，稳定性差

由于食品加工工艺的特点，生产过程中产生的废水不仅量大，而且污染

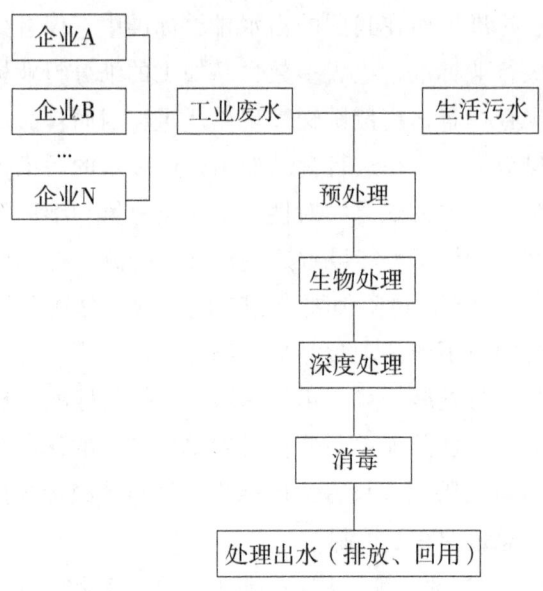

图 2-4　食品废水的末端处理模式

物浓度也大,因此处理难度相当大。国内许多食品生产企业在废水的治理工作上并不成功,大部分企业都未能做到水质长期稳定达标。例如,一些果汁生产企业的废水处理工程应用的 UASB 技术,在运行的启动阶段水力负荷太低,无法满足理想的水力筛分条件,在工程设计中,存在着工艺不成熟的问题,未考虑 UASB 的出水回流,以及稀释进水,保证稳定的水力负荷,使反应器在水力负荷控制效果差。许多企业采用的工艺在运行过程中都不稳定,最佳参数值也不确定,处理效果不佳,出水波动大,都还有待于进一步的研究。

3) 进水水质突变导致系统"瘫痪"

食品生产过程的进水水量受生产周期影响大,水质波动性大,会出现生产来水水质超出设计进水水质负荷,以及生产来水水量超出设计进水水量负荷的情况。进水水量、水质的突变使得出水水质得不到保证,而且可能导致处理系统"瘫痪"。例如,BOD 负荷较高而供氧不足,曝气池内溶解氧浓度持续较低时或者进水营养物质不平衡特别是 N 或 P 严重缺乏时,容易引起污泥膨胀。当进水中含有大量的表面活性物质或油脂化合物,会影响微生物细胞膜的通透性和细胞质的稳定性,造成污泥的活性降低甚至解体。此外,进水 pH 值的增减超过一定范围时,活性絮凝作用会下降,容易引起活性污泥脱絮，造成污泥上浮。

4）水质安全问题突出（尚未得到重视）

由于食品废水治理技术有限，治理污染实质上很难达到彻底消除污染的目的。因为传统末端治理污染的办法是先通过必要的预处理，再进行生化处理后排放，而有些污染物是不能生物降解的，只是稀释排放，不仅污染环境，甚至可能造成二次污染。

5）资源难以回收、二次利用

食品废水资源回收包括水回收、能量回收、物料回收。在我国由于混合废水水质的复杂性导致回收成本高、回收效率低；此外，我国废水资源回收缺乏商业的可持续发展目标，以及能够包括社会因素的整体设计方案。所以目前我国现有的技术能够回收一部分废水资源，但是没能实现推广普及。

6）污泥资源化利用环境风险大

污泥是污水处理的伴生物，通常占污水总量的 0.5%~1.0%，由于其成分复杂，既含有大量的有机质，又含有有害的重金属、病原微生物等，处理和处置费用高、堆放风险大。污泥资源化利用主要有 3 个难点：一是稳定化，通过处理使污泥停止降解，使污泥稳定化，从而避免二次污染；二是无害化，杀灭寄生虫卵和病原微生物；三是减量化，减少污泥最终处置的体积，降低污泥处理及最终处置费用。只有解决了以上问题，才能充分利用污泥这种资源，减少环境公害，但是目前国内污泥处理利用技术还比较落后，污泥处理率还比较低，人们对污泥处理处置必要性的认识还不够，污泥的处理处置存在严重的不足，许多问题亟待解决。

7）难以应对产业结构调整和变化

现有的这种混合处理模式不符合食品废水处理可持续发展的理念，是落后的模式。所以转变发展方式、实现产业结构调整是必须要实行的。然而在具体实施过程中，这使得产业结构调整流于形式，很难真正、有效地实施下去。

由于末端治理体现的是传统环保理念，它仅着眼于控制企业排污口，即末端，使排放的污染物通过治理达标排放。在污染治理技术有限的情况下，末端治理不能从根本上解决污染问题，有些污染物不能生物降解，若在末端治理不当，还会造成二次污染。随着食品工业的发展和人们对健康重视程度的提高，一方面，生产所排污染物的种类越来越多，污染物的治理难度增大；另一方面，政府规定控制的污染物排放标准越来越严格，企业的治理费用也不得不大为增加，然而即使花费颇巨，末端治理仍未能达到预期污染控制的目的。自1984年，联合国环境规划署提出清洁生产概念后，我国食品加工行业积极实施行动。在有关科技攻关计划项目的有效支撑下，通过结构减排、工程减排和监管减排等措施并举，我国的食品加工业水污染控制工作取得了显著的成效，清洁生产已经成为实现我国节能减排目标的重要措施。成功地在淀粉行业、制糖行业、甘蔗制糖行业、酒精行业、味精行业、啤酒行业、葡萄酒行业、食用植物油行业、乳制品制造行业等食品加工行业实现了清洁生产的审核制或发布了清洁生产的标准。但是在推行清洁生产过程中也仍存在一些问题，具体表现如下：

①清洁生产推进工作效果不理想。在食品加工行业中开展清洁生产审核的工业企业占食品加工业总量的比例较低，主要集中在淀粉行业、制糖行业、甘蔗制糖行业、酒精行业、味精行业、啤酒行业、葡萄酒行业、食用植物油行业、乳制品制造行业等。

②地区发展不均衡。《清洁生产促进法》、《清洁生产审核暂行办法》和《重点企业清洁生产审核程序的规定》都明确规定了"环保行政主管部门要在当地主要媒体上公布辖区内的双超双有企业的名单"。这项信息公开工作，各地开展情况好坏不一。目前只有少数省份出台了《清洁生产促进条例》，20多个省（市、区）出台了实施办法。总体来说，地方的积极性没有调动起来，地方政府更多的是从GDP、从经济发展的需要维护企业的利益，甚至保护落后的非清洁生产的企业。

③清洁生产实施不够深入。实施清洁生产是重要的减排措施，但现在普遍存在忽视清洁生产在减排中的作用。有的企业没有考虑也不知如何通过实施清洁生产进行减排；研究单位和清洁生产咨询机构没有深入研究清洁生产形成的减排量如何计算、怎么核定；政策制定时忽视了如何将清洁生产形成的减排量部分纳入年度新增减排量的问题；很多地区没有将清洁生产与节能减排相结合，畏难情绪大，实施清洁生产缺乏动力。

④缺少系统的清洁生产技术性指导文件。虽然国家已经颁布实施了一系列的清洁生产评价体系和清洁生产标准，但是分别有多个部门颁布实施。多部门管理的清洁生产技术指导文件不利于指导企业推行清洁生产工作。

⑤政策扶持力度仍需加强，无法调动企业积极性。目前，实施清洁生产的企业主要以强制审核为主，开展自愿审核的企业很少。其一方面的原因是企业节能环保意识薄弱，对清洁生产的认识不够；另一方面，政府在节能减

排技术投资、改造的扶持力度不够，配套法规、实施细则及相关制度等尚不健全，因此，提高政策引导，将对清洁生产工作的推广起到关键作用。部分省市由于缺乏有效的政策扶持，要求强制开展清洁生产的企业也未能实施该项工作。

2.4　食品加工行业水污染全过程控制的需求

（1）水污染控制观念的转变

食品加工业污染的控制与治理的方法主要有两种：其一是在污染物产生前，通过选择清洁工艺，源头避免或减少污染物的产生；其二是通过无害化技术，将已有生产过程中产生的污染物进行无害化处理。

对于食品企业决策者而言，需要实现两个方面的观念转变，即污染治理观念从末端治理转变为生产全过程控制，效益观念从追求短期利益转变为可持续发展。

观念更新是根本，唯有如此，才能让食品企业决策者主动实施清洁生产战略，使社会公众积极参与推动食品企业开展的清洁生产活动。

（2）构建企业微观动力机制，完善宏观政策保障机制，为清洁生产提供制度保证

企业作为市场经济的微观基础，也是资源消耗及废弃物排放最主要的主体。推行清洁生产能给企业带来直接和潜在的效益，使企业在改进成本控制、融资、获得供应商信赖、提高企业形象、赢得市场份额等方面具有更大的优势。

长期以来，由于资源的廉价或无偿使用，以及排污收费制度的不科学，扭曲了企业应负担的资源环境成本，使企业高消耗、高污染和末端治理的生产模式得以长久维持，严重阻碍了企业开展清洁生产的自觉性。为此，政府应进一步完善宏观政策保障机制，纠正导致土地、水、能源和其他自然资源的价格严重扭曲、污染排放收费偏低的不合理做法，迫使企业"节能减排"。同时完善宏观政策保障机制，通过产业政策、金融和税收政策为企业推行清洁生产"鸣锣开道"。例如，对企业从事的清洁生产研究和重点技术改造项目，按相关规定列入各级政府同级财政安排的有关技术进步专项资金的扶持范围；对利用废物生产产品的和从废物中回收原料的，税务机关按照国家有

关规定，减征或者免征有关税金；企业用于清洁生产审计和培训的费用，可以列入企业经营成本；通过政府采购拉动市场对企业清洁产品的需求等。

(3) 完善水污染技术的评估指导工作

在实际生产中，成本、技术成熟度和排放标准是决定污染控制方法的主要依据，虽然有关清洁生产工艺的研究不断加大，但是由于成本高或技术成熟度低等原因，很难替代现有工艺。另外，即使有了成熟的清洁工艺，由于专业及评价手段的原因，很难事先判断采用清洁生产工艺与现有生产工艺减少污染无害化处理哪个更合理，只能在工程建成后利用实际运行数据进行分析。目前，缺乏一种能够指导企业选择控制工业污染手段的工具与方案。

(4) 加强工业污染治理关键技术及装备研发

食品工业污染治理关键技术及装备、材料是工业污染防治基础的物质支撑，要不断加强环保技术研发的资金投入引导，建立多层次环保产业园，支持企业对环保新产品、新技术、新工艺的研究开发和推广应用，加快示范工程建设，重点扶持环保共性产品的产业化和关键设备国产化。

(5) 全面提升行业综合服务能力

政府应利用发达国家急于进行技术转让的有利时机，积极促进工业产业国际技术合作，引进国外先进技术人才，帮助环保企业实现技术创新目标。同时，采取市场经济政策措施，鼓励有实力的企业搭建产学研平台，采取联合、联盟、领办等各种形式，集聚资金、技术、管理等优势资源，发展具备提供工业污染治理综合服务能力的领军企业，提升工业污染治理行业的产业化水平。

(6) 将战略联盟作为企业参与竞争、扩展市场、抵御风险、降低成本的重要手段

以获得市场为动机的食品加工业污染治理技术成果推广战略联盟是工业行业市场化程度的重要标志。据统计，世界500强企业中，平均每个企业参加60个不同性质的战略联盟。目前，中国工业正处于市场化发展的关键时期，企业较为分散而松散，经营垄断而低效。同时，工业行业的综合性极强，关联度大，预计未来加入以规模化为基础的、跨区域的、以投资企业为龙头的集投资、设计、工程、运营、设备供应为一体的纵向产业战略联盟，将成为企业参与竞争、抵御风险、降低成本的主要手段。

2.5 小结

我国食品加工产业位居全球第一，是国民经济的支柱产业。经过一系列的发展，总体来说发展程度不高，依旧存在诸多问题：食品加工技术相对落后、产业链低端导致产能过剩、产品附加值不高、水污染、行业无序竞争导致供过于求、市场集中度较低等，其中水污染问题尤为严重。

由于我国水污染控制技术相对落后，食品加工行业污水处理能力还有较大的发展空间。随着我国生产技术的发展，食品耗水量逐年减少，工厂水利用率越来越高。优化产业结构、节能减排、提高生产技术，对于食品加工行业用水、节水具有指向性作用。节能减排的同时，对污水进行控制，已经成为必经之路。

3 食品加工行业水污染全过程控制典型技术

3.1 食品加工行业水污染全过程控制的内涵

工业污染全过程控制的概念是以工业过程的综合成本最小化为目标，基于污染物的生命周期分析，利用系统工程的方法，将毒性原料和（或）介质替代、原子经济性反应、高效分离、废物资源化、污染物无害化、水分质分级利用等技术方法的综合集成，形成最佳可用技术（BAT）和最佳环境实践（BEP），并满足工业污染源中管控污染物排放稳定达到国家/行业/地方排放标准。

食品加工行业水污染全过程控制的内涵是依据系统工程、循环经济、绿色化学、清洁生产及生命周期评价等理论和方法，综合运用最佳可行技术和最佳环境实践，执行和制定相应环境法律法规，确保以最少的人力、物力、财力、时间和空间，实现食品加工行业生产综合成本最小化；实现食品加工行业全过程废弃物的减量化、资源化、无害化；实现整个食品加工行业生产的智能化、绿色化；实现人与自然和谐相处、持续发展。

食品加工行业的水污染及对水资源的不合理利用问题已成为制约我国食品加工产业健康、持续、高水平发展的主要难题，过去食品加工时代所采用的低效末端治理方法已不能彻底解决我国食品加工行业的水污染问题。开展食品加工行业节水与废水处理控制技术研究，提高水资源利用率已迫在眉睫。对于我国食品加工行业而言，前期生产过程污水控制、产业结构优化、加强政府监管已成为食品加工行业废水污染治理的主要方向，坚持"推进资源节约集约利用，加大环境综合治理力度"，依照"十三五"规划要求，"坚持创新驱动、加快转型发展"的理念，推动产业结构调整，加快技术改造升级，提倡食品加工企业清洁生产方式，降低后续污染物排放。食品加工行业水污染控制的难点主要体现在：食品加工行业生产工段多；污水成分复杂、种类多、治理难度大；在原料预处理、产品分离提取、成品保存等工段时均会产生有毒有害废水,包括各类悬浮物、有机废物、无机废物等,采用单一方法很难全面处理行业废水,实现达标排放与资源利用。

针对食品加工行业工序长、耗水量大、废水毒性高、水回用潜力大等特点,在技术层面,以"有毒污染物排放控制"和"废水分质分级利用"为核心指导思想,构建食品加工行业水污染全过程控制体系(图3-1)。针对我国食品加工行业特点,重点进行食品加工行业废水治理过程控制与废水分质分级利用。

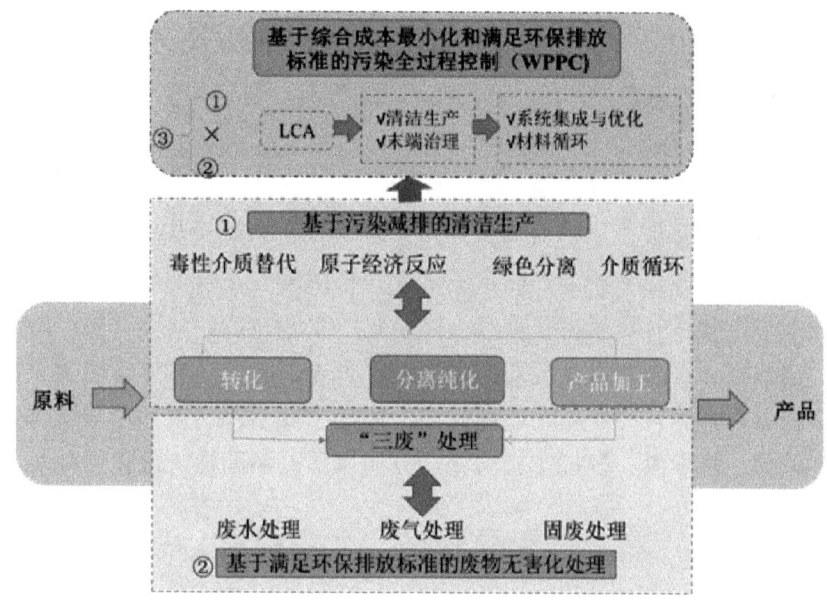

图3-1 基于综合成本最小化和满足环保排放标准的污染全过程控制

(1) 有毒污染物排放控制

食品加工行业持续、高强度水污染对我国脆弱的水环境容量影响很大,用清洁生产工艺替代只能部分缓解环境压力,还需继续加强末端治理力度,特别是有毒有害污染物排放的控制。应进一步开发低成本的新型水处理技术,推动关键技术的大型化应用,通过先进技术、环保药剂和设备的结合,形成整套处理技术,对食品加工废水的达标排放严格把关。

(2) 废水分质分级利用

废水分质分级利用包括两个方面的内容:水处理及水回用、废水中高浓度污染物资源化回收。食品加工行业生产步骤长、水耗大、各工段对水质要求不同,若按统一排放标准处理,势必造成水资源和能量的巨大浪费。可在生产企业清洁生产审核的基础上，实施综合利用方案。以满足其他工序要求作为最大指导原则，开展废水分质分级利用、达标排放、脱盐回用等不同层次的废水治理策略，不但可大幅降低企业对新水的需求、减少废水外排量，而且能最小化实现废水资源的最大化利用。针对废水中可能存在的高浓度污染物，如有机物、含盐废水等，采取资源化利用的策略，回收多种产品，提升水污染控制过程的经济性。

3.2　食品加工行业水污染全过程控制技术的发展策略

食品工业污染控制与治理策略主要针对食品深加工行业，以多目标为导向，构建环境风险最小化的食品工业污染综合控制策略；从原料、生产、加工、消费、循环的各个环节控制食品工业污染风险；不仅明显提高资源、能源利用效率，并且有效减少有毒有害污染物产生和排放，化学环境风险得到控制，全面推动食品加工业污染控制与治理由末端治理向具体策略为主的工业污染控制根本性转变，使企业由被动治污向主动治污转变，使环境保护逐渐向多领域、多学科、多行业交叉综合方向发展，不断深入地拓展环境保护的内涵及外延。

图3-2为基于全生命周期的食品加工行业水污染全过程控制技术发展策

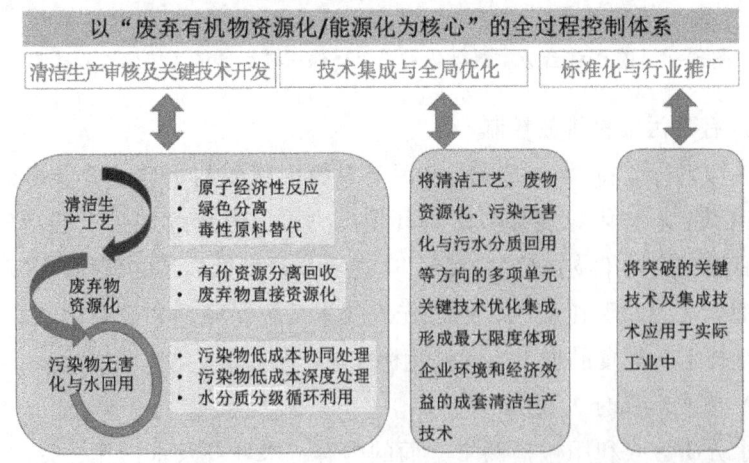

图3-2　基于全生命周期的食品加工业水污染全过程控制技术发展策略和方案

略和方案。该技术包括3个实施阶段：清洁生产审核及关键技术开发、技术集成与全局优化、标准化与行业推广。在关键技术开发方面，又包括了3个层面：清洁生产工艺、废弃物资源化、污染物无害化与水回用。

建立食品加工行业清洁生产评价指标体系，从生产工艺装备及技术、节能减排装备及技术、资源与能源利用、产品特征、污染物排放控制、资源综合利用等角度，建立对食品加工行业的评价标准。

①清洁生产技术水平的推进。我国加快了一批重点行业清洁生产技术的推广工作，指导企业采用先进技术、工艺和设备实施清洁生产技术改造，按照"示范一批，推广一批"的原则，共发布了发酵、啤酒、酒精、食品加工、电解锰等33个重点行业清洁生产技术推行方案，但是，由于食品加工行业因其涵盖门类广、产品种类多、生产技术复杂，使得食品加工行业的清洁生产推进工作较为缓慢。

②改革传统生产工艺。通过工艺改革，控制厂内用水量，节约资源，减少污染物的排放。

③有价物质回收，促进资源化利用。通过对有价物质进行回收，可以最大限度地降低废水中污染物负荷，同时提高经济效益。

④通过采取一水多用、处理水回用等措施，最大限度地降低废水排放量。严格执行排污许可制度。按照相关监测要求，加大监督执法的力度，监督企业实现总量和浓度"双达标"。

⑤完善先进污染防治技术的鼓励机制。建立先进污染防治技术的鼓励机制，鼓励推广应用国家鼓励发展的环境保护技术、国家先进污染防治示范技术、行业污染防治最佳可行技术，促进企业在食品污水控制及治理方面的积极性，提高污染治理水平。

为了推动食品加工行业健康发展，减少水消耗和有害废水排放，应加快实施科技支撑食品加工行业可持续发展战略，制定食品加工行业污染控制与产业发展路线图，通过公平有序的市场竞争、环境管理和环保产业协力推进行业节能减排。优先统筹食品加工产业"三废"的协同治理，将污染治理成本纳入企业生产成本，重点建立以水分质分级利用与有毒污染物深度处理为核心的食品加工水污染全过程防控发展战略，建立节水型食品加工行业。进一步加强食品加工行业水污染全过程治理技术集成、水分质分级与循环利用、全局优化和行业推广应用，建立以第三方综合独立评估为基础的水专项科研成果从实验室研究到行业推广应用的无缝衔接机制与转化模式。

根据全生命周期的食品加工行业水污染控制实施方案，结合"十一五""十二五""十三五"水专项技术成果和食品加工行业已有技术发展水平，提出以下建议。

①降低废水处理成本。食品工业废水根据工业生产方式的不同往往含有大量有机污染物、无机离子、酸碱离子等有害污染物质，通常要经过萃取、吸附、化学氧化、生物降解等多种工艺的联合处理过程才能处理至达标排放或回用，目前，工艺成熟、处理高效且成本低廉的只有生物降解等少数传统工艺，而生物降解对有机物的处理能力受有机物种类的影响较大，处理工业废水需要和其他工艺结合。这使食品工业废水处理成本往往要比生活污水高50%以上，综合处理成本依然较高。如何提高生物处理的活性污泥比表面积、降低化学处理的药剂投加量、提升物理吸附效率等依然是当前面临的主要问题。

②应对特殊污染物。食品加工业废水的污染物含量大、种类多，通常还含有一些特殊污染物，如味精行业的高浓度氨氮有机废水等，传统生物处理工艺难于去除，需要采用高级氧化、离子交换、膜技术等新工艺进行特殊处理。目前，对食品加工业废水研究的主要方向包括对特定食品加工业处理过程的废水处理研究、对特殊污染物质的定向去除研究和对组合处理工艺的专项优化研究3个，在一项研究中3个方向往往是同时进行的，对特殊污染物质的应对通常是决定最终处理成本的核心因素，对它的定向研究依然十分重要。重点开展食品加工行业废水有毒污染物的分点控制技术开发。食品加工生产工艺长，各工段产生废水组分复杂，毒害性高，即使主要参数达标，废水排放依然存在高环境风险。应进一步关注外排废水（特别是焦化废水）中高毒性有机污染物的排放控制，制定相关标准并引导治理技术发展，实现毒性减排的目的。

③开展食品加工行业废水治理中遗留难点技术开发。例如，食品加工废水的除臭技术有待提升。目前常用的除臭方法有化学药剂吸收法、土壤及生物法、活性炭吸附法等。其中，土壤及生物除臭技术凭借成本低、效果好、无二次污染等优点，在国内外得到广泛应用，尾气可稳定达到国家二级排放标准，满足工业区域排放要求。但随着国家土地资源的深度开发，城市功能板块渐趋紧密，百姓对居住环境的美好愿景越发强烈，国家废水污染处置场所的除臭指标必将愈趋严苛，除臭提改技术及其应对方案将成为未来食品工业污水处理的新课题。

④废水的资源化无害化处理。通过对有价物质进行回收，可以最大限度地降低废水中污染物负荷，同时提高经济效益。进一步开展废水分质分级利用技术开发，包括废水处理后循环利用、净循环水和浊循环水梯级利用、废水经生化处理后用作冲渣或配料、经深度处理及脱盐后回用、综合废水物化处理后多途径回用或排放。

⑤分阶段实施关键技术集成和推广。基于"十一五"水专项期间的关键技术成果和"十二五"水专项正开展的工作，积极吸收行业内形成的清洁生产、水污染控制和水回用技术，进行清洁工艺升级，强化末端污染治理。进一步结合预处理和废弃物资源化关键技术，在"十二五"水专项实施期间形成食品加工行业水污染全过程控制的整套技术和装备，"十三五"期间形成成熟工艺，今后在"十四五"期间食品加工行业内推广。从技术创新角度来说，仍有较多问题需要解决、攻克，这是"十四五"食品加工行业水污染控制的关键点：供水—用水—废水处理—水循环利用统筹；节水—废水处理—中水回用全生命周期统筹；单元-工厂-园区多尺度统筹；基于污染物全生命周期的综合控污；气-水-固-土壤跨介质协同控污；食品加工与城市协同可持续发展深度融合技术等关键核心技术问题。我国政府高度重视食品加工行业水污染控制的科技支撑作用，已逐步形成针对大部分工段废水的针对性处理技术，特别是产生量大、污染程度低的工段废水，简单处理后可达标排放或分级利用。对于组成复杂、污染严重的工段废水，如高盐有机废水，目前治理技术相对缺乏，随着食品加工业执行新的排放标准，对生产企业提出更高的要求，对难降解含盐有机废水治理技术的需求更加迫切。

"十一五"至"十三五"期间，在国家水专项的支持下，"河流主题的松花江重污染行业清洁生产关键技术及工程示范课题（2008ZX07207-003）""太子河流域典型工业水污染控制技术与示范研究课题（2008ZX07208-004）""浑河上游水质改善与水生态修复维系关键技术及示范课题（2008ZX07208-007）""辽河流域重化工业节水减排清洁生产技术集成与示范课题（2009ZX07208-002）"开展了食品加工行业全过程清洁生产审核，解析污水来源与成分，针对淀粉糖提取、赖氨酸生产、大豆蛋白提取等多个生产环节，从清洁生产、废弃物资源化、水污染达标处理及回用等角度，展开了赖氨酸高效发酵与结晶分离技术、大豆蛋白提取技术、糠醛清洁生产技术、酶法脱胶技术、淀粉糖脱盐技术5项清洁生产技术，以及味精废水处理技术、酒精废水处理技术、果汁加工废水处理技术、大豆分离蛋白废水处理技术4项废水处理技术。"十一五"至"十三五"期间，河流主题在多项关键技术上取得重要突破，一定程度上达到了源头减排－污染物低成本深度处理－废水分质分级回用的目的，有效支撑了食品加工行业水污染控制及水资源深度利用。

3.3 食品加工水污染控制技术

3.3.1 玉米湿法粉碎淀粉生产技术

(1) 技术内容及基本原理

淀粉生产过程采用湿法制备淀粉是指"一浸二磨三分"，即将玉米以亚硫酸溶液的温水浸泡，经粗磨、细磨，分离胚芽、玉米皮（纤维）和蛋白后，得到高纯度的淀粉。该技术采用半封闭式或开放式湿法工艺将玉米用含亚硫酸的温水浸泡，经粗磨、细磨，分离胚芽、玉米皮（纤维）和蛋白质后，得到高纯度的淀粉乳或淀粉。该技术在水循环及废弃物利用方面实现半闭环逆流循环。传统湿法粉碎淀粉（玉米）生产技术工艺流程如图3-3所示。

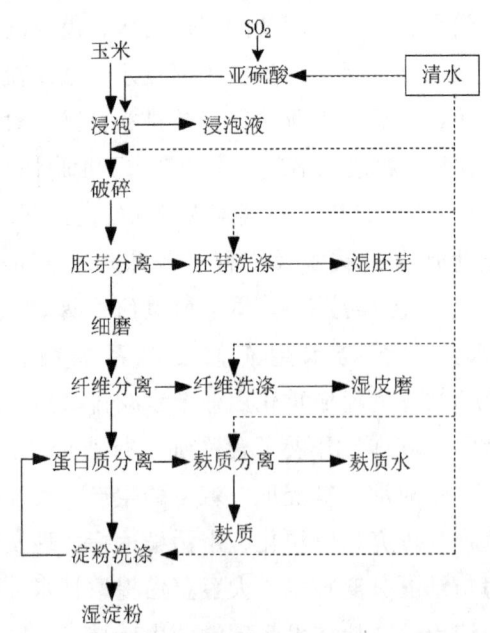

图3-3 传统湿法粉碎淀粉（玉米）生产工艺流程

该技术可适当降低水解糖制备过程废水排放和 COD 排放。采用的淀粉湿法生产技术清洁生产水平仅为《清洁生产标准 淀粉工业（玉米淀粉）》（HJ 445—2008）的国内基本水平或更低，在资源能源利用指标和污染物产生指标（末端处理前）方面都高于国内基本水平的上述湿法粉碎淀粉生产技术。

（2）适用范围

该技术适用于以玉米为原料生产淀粉的过程。

3.3.2 玉米闭环湿法粉碎淀粉生产技术

（1）技术内容及基本原理

玉米加工过程采用以水环流为主线包括物环流和热环流在内的封闭式湿法工艺，即为全闭环逆流循环工艺，其工艺流程如图 3-4 所示。

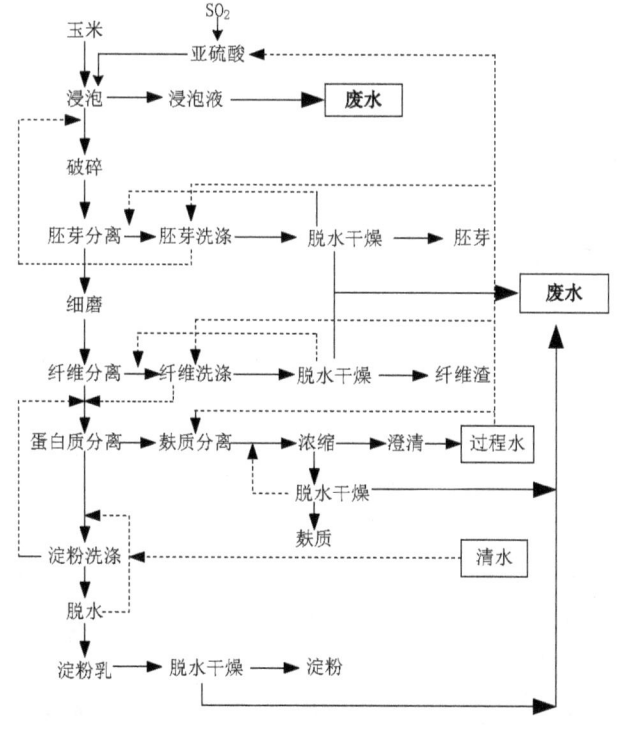

图 3-4 全闭环湿法粉碎淀粉（玉米）生产工艺流程

按照《清洁生产标准 淀粉工业（玉米淀粉）》（HJ 445—2008），将淀粉生产水平按照清洁生产水平分为国际先进（一级）、国内先进（二级）和国内基本（三级）水平。本技术的相关清洁生产技术水平应至少为国内先进（二级）水平，具体能源、资源及污染排放指标值可参考该标准二级指标值。在环境效益上，基于清洁生产标准的国内先进水平（二级），采用该技术可实现比国内基本水平（三级）至少每吨淀粉废水产生量降低20%，每吨淀粉COD产生量和氨氮产生量分别降低25%和20%以上，大幅减轻了末端废水处理负荷。

在产业政策方面，国家发展改革委发布的《产业结构调整指导目录（2011年本）》，限制发展年加工玉米30万t以下、总干物收率在98%以下的玉米淀粉湿法生产线，淘汰年处理10万t以下、总干物收率97%以下的湿法玉米淀粉生产线。按照国家发展改革委发布的《产业结构调整指导目录（2011年本）》，年加工玉米30万t淀粉湿法生产线需设备投资0.8亿～1亿元，运行成本1000～1500元/t淀粉（不包含原辅料和设备折旧，主要为能源、资源、人工、维护和管理费用）。在投资成本上要比传统湿法生产的投资增加1倍左右，但运行成本降低了50%～60%。

(2) 适用范围

该技术适用于以玉米为原料生产淀粉的过程。

3.3.3 双酶法制糖工艺技术

(1) 技术内容及基本原理

淀粉水解生产成葡萄糖的方法有酸水解法、酸酶法、双酶法等3种。采用酸水解法工艺，淀粉糖转化率只有90%左右，糖液质量较差，致使发酵产酸不高，糖酸转化率为40%～46%，发酵残糖高达1%左右；采用酸酶法工艺，糖转化率提高到93%，糖液质量转化，葡萄糖占糖浆干物质的96%，发酵转化率可达50%以上，发酵残糖降至0.8%。双酶法工艺，糖液质量进一步提高，淀粉糖转化率为95%以上，发酵残糖降至0.5%左右。

双酶法是通过淀粉酶液化和糖化酶糖化将淀粉转化为葡糖糖的工艺。其过程分为两步：第一步是液化过程，用 α - 淀粉酶将淀粉液化，转化为糊精及低聚糖，使淀粉的可溶性增加；第二步是糖化过程，用糖化酶将糊精或低聚糖进一步水解，转变为葡萄糖。此法所得糖液纯度高，DE值可达98%以上，每100份淀粉能得到108份的葡萄糖，已接近理论产率111份。由于淀粉糖转化率提高，残糖降低，均使发酵液残留的有机物含量减少，从而使污染负荷降低。

(2) 适用范围

该技术适用于以淀粉为原料制备淀粉糖或淀粉糖发酵过程。

3.3.4 生物素亚适量工艺生产谷氨酸

(1) 技术内容及基本原理

谷氨酸生产菌体内的生物素浓度直接影响谷氨酸的发酵进程，当菌体进入发酵培养基后，迅速吸收大量生物素，使菌体内积存的生物素远远超过菌体生长繁殖所需要的生物素量，当大部分生物素用于菌体生长繁殖消耗后，即在发酵处于对数期之前，菌体内积存的生物素浓度降低，并基本上不被消耗、分解而起辅酶的作用。菌体的数量即处于相对稳定，达到平衡期，其代谢活性及脂肪酸的合成速度降低，从而使磷脂的合成量减少，进而影响了生产菌新增细胞膜的完整性，菌体即由谷氨酸非积累型细胞转化为谷氨酸积累型细胞。利用生物素亚适量法进行谷氨酸发酵时，通过控制发酵培养基中的生物素含量控制磷脂，导致形成磷脂合成不足的不完全的细胞膜，细胞变形，谷氨酸向膜外分泌，积累于发酵液中。

目前，国内大部分谷氨酸生产菌为生物素缺陷型，采样生物素亚适量工艺，生物素为其重要的生长因子，其用量的控制直接影响着生产菌细胞的生长、增殖、代谢和细胞壁、细胞膜的渗透性和产酸率的高低，严格控制生物素的用量是搞好谷氨酸发酵的关键。利用生物素亚适量法培养菌种生产谷氨酸的技术发酵通风比为 1.0∶0.4。发酵周期短，不易染菌，但是其产酸率较低（13%～14%），糖酸转化率较低（58%～60%）。

(2) 适用范围

该工艺适用于以淀粉为原料的谷氨酸发酵过程。

3.3.5 高性能温敏型谷氨酸生产工艺

(1) 技术内容及基本原理

在正常的情况下谷氨酸产生菌的细胞膜不允许谷氨酸从细胞内渗透到细胞外，在发酵过程中一般是通过控制生物素亚适量、添加吐温-60、霍青霉素等手段来调节细胞膜的渗透性，以使谷氨酸产生菌细胞膜允许谷氨酸从细胞内渗透到细胞外。采用谷氨酸温度敏感菌种进行发酵，是目前国际谷氨酸发酵的主流。谷氨酸温度敏感突变株的突变位置是在决定与谷氨酸分泌和密切关系的细胞膜结构基因上发生碱基的转换或颠换,一个碱基为另一个碱基所置换,这样为该基因所指导的酶在高温下失活,导致细胞膜某些结构的改变。当控制培养温度为最适温度时,菌体正常生长;当温度提高到一定程度时,菌体停止生长而大量产酸。

高性能温敏型谷氨酸产生菌的发酵控制方式与现行的采用生物素亚适量的控制方式完全不同,不需要控制生物素亚适量,仅通过物理方式(转换培养温度)就可以完成谷氨酸生产菌由生长型细胞向产酸型细胞的转变,避免因原料影响造成产酸不稳定的现象。另外,生物素可以过量,从而强化二氧化碳固定反应,提高糖酸转化率。谷氨酸温度敏感菌种是目前谷氨酸发酵工业较为优良的菌株,而且该菌株能够利用粗制原料(粗玉米糖、糖蜜等)发酵生产谷氨酸,发酵过程表现出高产酸、高转化率等特性。该技术不仅可降低味精生产过程中粮耗和能耗,并可通过提高菌种产酸率和糖酸转化率达到降低水耗、减少COD产生的目的,其吨产品玉米消耗可降低19%以上,能耗可降低10%,COD产生量减少10%。

(2)适用范围

该技术适用于以淀粉为原料的谷氨酸发酵过程。

3.3.6 钙盐法生产枸橼酸技术

(1)技术内容及基本原理

将$CaCO_3$或$Ca(OH)_2$加入发酵清液中,形成枸橼酸钙沉淀,然后与H_2SO_4反应,形成硫酸钙沉淀,析出枸橼酸溶液,经离子交换及浓缩结晶后,便可得到枸橼酸晶体。

在枸橼酸发酵过滤清液中加入$CaCO_3$或$Ca(OH)_2$进行中和反应,生成的枸橼酸钙在水中溶解度低而沉淀析出,含枸橼酸钙的浆料用真空胶带过滤机进行过滤、洗涤,从而与可溶性杂质(蛋白质、糖等)分离,得到的枸橼酸钙与浓硫酸反应生成枸橼酸和硫酸钙沉淀,分离固形物后的枸橼酸水溶液,经离子交换净化、浓缩、结晶、离心、干燥制成枸橼酸成品。钙盐法工艺成熟、设备简单、原料易得、产品质量稳定。

(2)适用范围

该技术适用于以淀粉为原料的枸橼酸发酵过程。

3.3.7 淀粉糖的离子交换树脂纯化分离技术

（1）技术内容及基本原理

淀粉经淀粉酶等酶解后，生产淀粉糖浆，由于原料、水及催化剂带来的各种杂质，成分很复杂，这些杂质又可分为含氮物质、有机酸、无机盐、脂肪、有色物质等，这些杂质将产生令人无法接受的色泽、味道及气味，影响最终产物的品质，且在异构化时影响酶的作用，同时对糖浆的质量和结晶葡萄糖生产都有不利的影响。因此，糖化液离子交换树脂具有离子交换和吸附作用，必须得到精制，尽可能除去这些杂质。

离子交换树脂具有离子交换和吸附作用，淀粉糖化液经活性炭或树脂吸附剂脱色后，再用离子交换树脂精制，能除去几乎全部的灰分和有机酸及色素等杂质，进一步提高纯度。离子交换树脂精制过的糖化液生产糖浆、结晶葡萄糖或果葡糖浆，产品质量都大幅提高，糖浆的灰分含量降低至约0.05%，仅约为普通糖浆的1/10。因为有色物质和灰分被彻底去除，糖浆放置很久也不变色。生产结晶葡萄糖，会使结晶速度加快，品质量和产率都提高；而生产果葡糖浆，由于灰分等杂质对异构酶稳定性有不利影响，也需要离子交换树脂精制糖化液。糖化液经过滤除杂后，用活性炭或树脂吸附剂脱色，然后降温至40℃左右，流经离子交换树脂床。两对阴阳离子交换树脂床串联使用，为了充分发挥每台的交换能力，当第一对阴阳床能力消失后，停止使用，进行再生；将第二对阴阳床当作第一对阴阳床使用，将再生好的一对当作第二对阴阳床使用。

（2）适用范围

该技术适用于以淀粉为原料的淀粉糖制备过程。

3.3.8 大豆蛋白的碱溶酸沉技术

（1）技术内容及基本原理

碱溶酸沉提取工艺是利用弱碱性水溶液浸泡低变性脱脂豆粕，将豆粕中可溶性蛋白质萃取出来，然后用一定量的盐酸水溶液加入已溶解出的蛋白液中，调节其pH值到大豆蛋白的等电点（pH 4.2~4.6），使大部分蛋白沉析出下来，最后通过中和、灭菌和喷雾干燥，得到粉状大豆蛋白产品。

流程：脱脂豆粕与蒸馏水以1:10的比例混合，用NaOH调整混合物的

pH 7~9，充分搅拌浸提碱溶大豆蛋白，离心分离，用稀 HCl 调整上清液的 pH 4.5~4.8，沉淀出蛋白质，离心分离，沉淀重新溶于 pH 7.0~8.0 的 NaOH 溶液中，喷雾或冷冻干燥即得大豆分离蛋白，其蛋白含量可达 90% 以上，得率 24%~38%。

(2) 适用范围

该技术适用于以大豆为原料的大豆蛋白制备过程。

3.3.9 大豆油脂废水的处理技术

(1) 技术内容及基本原理

大豆油脂废水主要产生于油脂加工行业水洗、酸化、脱臭等各个工序，该类废水不仅含有高浓度油脂，而且还含有磷脂、皂脚等有机物，以及酸、碱、盐和固体悬浮物，是一种色度较大、浊度较深、pH 值不稳定、缓冲能力极强的复杂处理工业废水，同时由于油脂废水中还含有大量的表面活性剂，通常会呈现出乳化性和亲水性，如此便增加了传统上物理方法和化学方法直接处理的难度。油脂废水的处理方式，我国在很长的一段时间内一直在采用隔油与气浮相结合然后经由生物法进行彻底降解的解决方法。这种方法先采用隔油池去除油脂废水中的上浮油和大部分可去除的悬浮物质，再通过破乳、絮凝、气浮等物理法去除溶解油和大部分有机物质，最后再通过生物法进行彻底降解。含油废水经隔油、絮凝、浮选等处理后，出水的油含量一般仍高达 20~30 mg/L，若废水中存在溶解性有机物，则 COD 和 BOD 仍很高，都达不到国家规定的排放标准，尚需进行二级处理。二级处理主要采用生化处理法，生化处理工艺目前可采用厌氧和好氧或两种工艺串联使用。

国内目前油脂废水处理多采用好氧工艺处理。根据废水的特点，常用的好氧工艺主要有传统活性污泥法、接触氧化法、气提三相流化床、PAC 生物活性炭活性污泥法、SBR 工艺等。传统活性污泥法工艺成熟、运行方便、通常出水效果较好、投资较少，但该工艺在处理油脂工业废水时，抗有机负荷能力较差，特别是容易发生污泥膨胀，使系统运行不稳定。因此，在规模不大的工业废水处理中，传统活性污泥法应用较少。好氧生物接触氧化工艺具有抗有机负荷冲击能力强、负荷高、运行稳定、出水水质好的特点，特别是在规模较小的工业污水处理中应用较多，但该工艺由于需要放置一定量的填料，因此，工程投资较大。目前，SBR 生物处理工艺（活性污泥法的变形）

处理高浓度有机废水取得了较好的效果,具有自动化程度高、抗冲击能力强、不产生污泥膨胀等特点,因此,在小型的工业废水处理中应用是较为合理的,国内正在对其在油脂废水处理方面加以实验,完善我国油脂废水生物处理工艺。通过厌氧和好氧处理后的油脂废水,通常可以达到排放要求,但在排放标准要求较严格的地区,废水还应进行进一步的深度处理。深度处理通常采用的工艺主要以物化为主,即砂滤、生物活性炭、氧化塘及土地处理等。氧化塘工艺和土地处理工艺作为深度处理工艺,虽然投资小、运行管理方便,但占地较大。砂滤系统通常对去除废水中的悬浮物较为有效,而对去除废水中的溶解性有机物作用不大。因此,常需投加一定的絮凝剂来提高污水的有机物去除率,但是,通常COD的去除率仅在20%~30%。目前常采用的生物活性炭处理系统,主要是利用活性炭的吸附作用将水中的有机物吸附在其表面上,然后通过曝气将活性炭表面的微生物和有机物分解氧化。砂滤工艺对处理含悬浮物较高的废水较为有利,但反冲洗次数较多,对水中的溶解性有机物去除较差;而生物活性炭由于利用了曝气方式,基本相当于随时进行再生处理,因此在进水有机物浓度不高的条件下,生物活性炭一般不易发生堵塞,适用周期较长,是较为合理的工艺,但生物活性炭的工艺投资较砂滤高。所以,采用后处理工艺应根据具体的排放水质要求和实际条件确定。根据油脂废水的来源和特点,采用物理、化学与生化相结合的方法对油脂废水进行了处理后,各污染物指标总去除率均达到98%以上,从而使出水水质达到国家排放标准。

(2) 适用范围

该技术适用于所有大豆加工行业综合废水的处理过程。

3.3.10 生产用水阶梯式循环利用技术

(1) 技术内容及基本原理

食品加工行业是水需求量较大的行业,为了节约用水,减少水的消耗,改变企业内部各单位用水不合理现象,本技术主要是加强了各车间之间的统筹考虑,打破了企业内部各单位用水及排水无规划的现状。

水循环利用率(%) = 水已循环利用量(t)/水可循环利用总量(t)

例如,酒精发酵生产过程中,用温度较低的深井水供给制糖车间结晶工序降温,提高降温效果;将温度较高的结晶降温水供给需要岗位,提高了过程物料的温度,节省能源;将蒸发器冷凝水、冷却器冷却水、各种泵冷却水等没有污染的过程水回收利用,节约大量用水;制糖车间蒸发浓缩冷却水及冷凝水由于温度较高,且水质较好,集中供淀粉车间用于淀粉乳洗涤,既节约了大量一次水,又降低了蒸汽消耗,节约了能源;淀粉车间排水量及废水中干物质量减少,降低了排水 COD 浓度,减轻了污水处理站的冲击负荷。根据《清洁生产标准 味精工业》的取水量及水循环利用率数据,将水循环利用率>75%认为是高级生产用水阶梯式循环利用技术。

(2)技术简介

该技术适用于所有食品加工行业过程。

3.3.11 食品综合废水的升流式厌氧污泥床法处理技术

(1)技术内容及基本原理

升流式厌氧污泥床法(UASB)反应器底部是污泥床区用以发酵分解有机污染物生成甲烷和二氧化碳;上部是三相分离器,用于分离沼气、污泥和废水。其处理效率及稳定性的衡量指标取决于污泥颗粒化及污泥与废水的接触程度,颗粒污泥具有高活性和沉降性,可提高 UASB 的运行性能。该法的主要优势在于能将高含量有机物转化为沼气,且不需填料和搅拌设备,具有良好的经济性。操作过程中需向 UASB 反应器中投入足够的厌氧污泥,促使污泥快速颗粒化,以减少启动时间。厌氧膨胀颗粒污泥床法(EGSB)是经改造的 UASB,通过水回流系统提高水流上升速度、维持颗粒污泥的膨胀状态,以此增强泥水的混合接触和传质效果,具有污泥产率低、适应性强的特点。

(2)适用范围

该技术适用于所有食品综合废水的处理过程。

3.3.12 食品综合废水的水解/好氧法处理技术

(1)技术内容及基本原理

水解/好氧法(H/O)是指将废水依次通过水解酸化池和接触氧化池,利用兼氧菌加速糖类、蛋白质、脂肪等物质降解的方法。淀粉、乳品、啤酒等加工废水有机物含量高、降解速率慢,若采用全好氧工艺,废水降解不彻底;采用厌氧工艺耗时长,两者均难达标。H/O 则避免了好氧工艺能耗大、厌氧工艺耗时长的缺点。水解所需的兼氧菌易培养、易存活、降解快,反硝化菌还可去除废水中的氨氮。H/O 尤其适用于处理含氮量高和难降解的高浓度有机废水，具有运行稳定、耐冲击负荷力强等优点。

(2) 适用范围

该技术适用于所有食品综合废水的处理过程。

3.3.13 食品综合废水的 SBR 处理技术

(1) 技术内容及基本原理

序批式活性污泥法（SBR）采用间歇式运行方式，经过进水、曝气降解、泥水分离、排泥水、闲置等一系列操作完成污水净化。BAE 等通过运行膜序批式反应器处理乳品废水，BOD5、氮和磷的去除率分别为 97%～98%、96% 和 80%，因采用间歇式抽吸法，故膜清洗 1 次可运行 110 d 以上。以 SBR 法处理豆类加工废水，根据不同水质排放标准决定曝气时间，要求出水水质为《污水综合排放标准》（GB 8978—1996）一级排放标准，曝气时间确定为 7 h；排放水质为 GB 8978—1996 二级标准，曝气时间为 3.5 h。SBR 可根据进水水质和废水水质变化灵活调整周期和运行状态，具有脱磷除氮效果好、可有效防止污泥膨胀的特点。由于不设初沉池和污泥回流设备，SBR 工艺流程简单、基建和运行费用低，极其适用于中小型企业。

(2) 适用范围

该技术适用于所有食品综合废水的处理过程。

3.4 小结

我国食品加工行业经过多年的快速发展，在食品加工生产能力、生产规模、产业结构调整和水污染控制方面取得较大进步，吨产品耗水量显著下降，水循环技术日益成熟。食品加工行业节能减排成效显著，部分关键节能技术已达世界领先水平，但能源管理水平、新节能技术仍需进一步提高。目前，我国食品加工行业水污染控制面临的主要问题在于：①个别工段所产生的废水污染度过大，缺乏相关废水处理技术；②缺乏对整个食品加工过程废水处理技术整合，不能对技术推广应用做出指导；③各地政府环保监管力度不一，也会影响不同规模、不同类型食品加工企业的污水排放强度。

4 食品行业水污染全过程控制典型技术及应用

我国政府高度重视食品加工行业水污染控制的科技支撑作用，已逐步形成针对大部分工段废水的针对性处理技术，特别是产生量大、污染程度轻的工段废水，简单处理后可达标排放或分级利用。对于组成复杂、污染严重的工段废水，如焦化废水，目前治理技术相对缺乏，随着炼焦工段执行新的排放标准，对生产企业提出更高的要求，对难降解工段废水治理技术的需求迫切。

"十一五"至"十三五"期间，在国家水专项的支持下，"松花江水污染防治与水质安全保障关键技术及综合示范项目（2008ZX07207-003-2）""大豆深加工行业清洁生产技术研究及工程示范（2008ZX07207-003-03）""糠醛行业清洁生产技术研究与工程示范（2008ZX07207-003-4）""沙颍河上中游重污染行业污染治理关键技术研究与示范（2009ZX07210-002）""酿造行业污染减排关键技术与支撑体系研究与示范（2009ZX07210-003-03）"开展了食品加工行业全过程清洁生产审核，解析污水来源与成分的科研攻关。

"十一五"至"十三五"期间，河流主题在多项关键技术上取得重要突破，一定程度上达到了源头减排—污染物低成本深度处理—废水分质分级回用的目的，有效支撑了食品加工行业水污染控制及水资源深度利用。

4.1 玉米深加工行业的全过程控制技术

4.1.1 技术简介

玉米深加工是指以玉米芯为原料通过化学、生物转化产生化工产品或食品的过程，其主要包括淀粉糖制备和淀粉糖深加工制氨基酸等过程，为我国提供大量饲料和食品添加剂，并为下游产品深加工提供原料。但传统的玉米深加工生产过程中产污环节相对多且分散，主要污染物为各生产设备在生产与维护过程中产生的废水。废水包括锅炉冷凝回水补充水、水处理设备反冲水、设备冷却循环补充水、除尘设备用水、生活用水、化学水处理再生排水等。另外，传统的离子交换法处理高盐发酵液，需反复进行离子交换树脂再生，工序复杂，新鲜水消耗量大（图 4-1）。

各典型工序水污染控制技术原理如下。

(1) 淀粉糖水解液直接电渗析脱盐技术

为了解决传统离子交换酸、碱及脱盐水消耗高、淀粉糖损失大的问题，采用电渗析脱盐技术对淀粉糖进行处理，由于阳离子选择透过膜和阴离子选择透过膜在直流电场中有序排列组装后，能形成盐迁移隔室和盐滞留隔室，流经盐迁移隔室的溶液被脱盐，流经盐滞留隔室的溶液则含盐量增高或排放。含盐糖溶液电迁移的脱盐过程，即让含盐糖溶液流经盐迁移隔室，而让另一载体溶液（通常为自来水）流经盐滞留隔室。糖溶液可以一次脱盐成功，也可以循环脱盐达到目的，载体溶液（自来水）可以循环使用以节水，水利用率可达 90% 以上。因此，该工艺可直接从淀粉糖液中脱除氯、铵、硫酸根、钙等离子，不消耗酸碱，并且能够显著降低用水量，从而达到清洁生产的目的。

在工艺的优化研究上可以采用数学模型计算与实验结合，研究流体中离子电迁移规律、迁移阻力、离子渗漏等提高脱盐率，通过研究膜污染机制、膜污染处理和膜在线清洗等解决实际工程中的膜污染问题。具体包括：①非牛顿型高黏度流体无机离子与杂质离子的竞争性迁移规律及调控方法研究。通过对无机离子与杂质离子在电场中迁移的速率、方向的研究，来确定在不同浓度淀粉糖溶液及不同电场强度条件下的最终脱盐率。②非牛顿型高黏度流体用电渗析膜污染机制、预防技术及膜污染物质的处理技术研究。通过膜阻力模型实验，分析出各污染途径产生的阻力大小。主要通过 3 个方面进行研究：膜阻力测定、糖溶液中溶质与膜吸附阻力测定和膜表面污染层阻力测定。③针对膜污染物质的在线清洗和再生方法研究。电渗析过程中形成的阻力，主要来源于淀粉糖中存在的蛋白质，在糖液流动过程中由于带电蛋白质与杂质离子同时向膜表面迁移，最终沉积于膜表面，造成膜孔径变小和阻塞，使膜产生透过流量与分离特性的降低。通过对膜污染物的反冲洗、酸洗和碱洗液、清洗前后膜表面进行分析，确定主要无机污染物及主要有机污染物，进而选择清洗方法，对污染膜进行有效清洗。研究结果表明，为了克服膜片堵塞，膜与膜之间必须要保持适当的间距，过小的间距易滞留堵塞物。若膜污染的评价指标按进出料压差 ≤0.05 MPa、清洗间隔时间为 4 h，则膜间距要保持在 1.50 mm 以上。④电渗析脱盐过程离子渗漏、水渗漏原因及控制技术

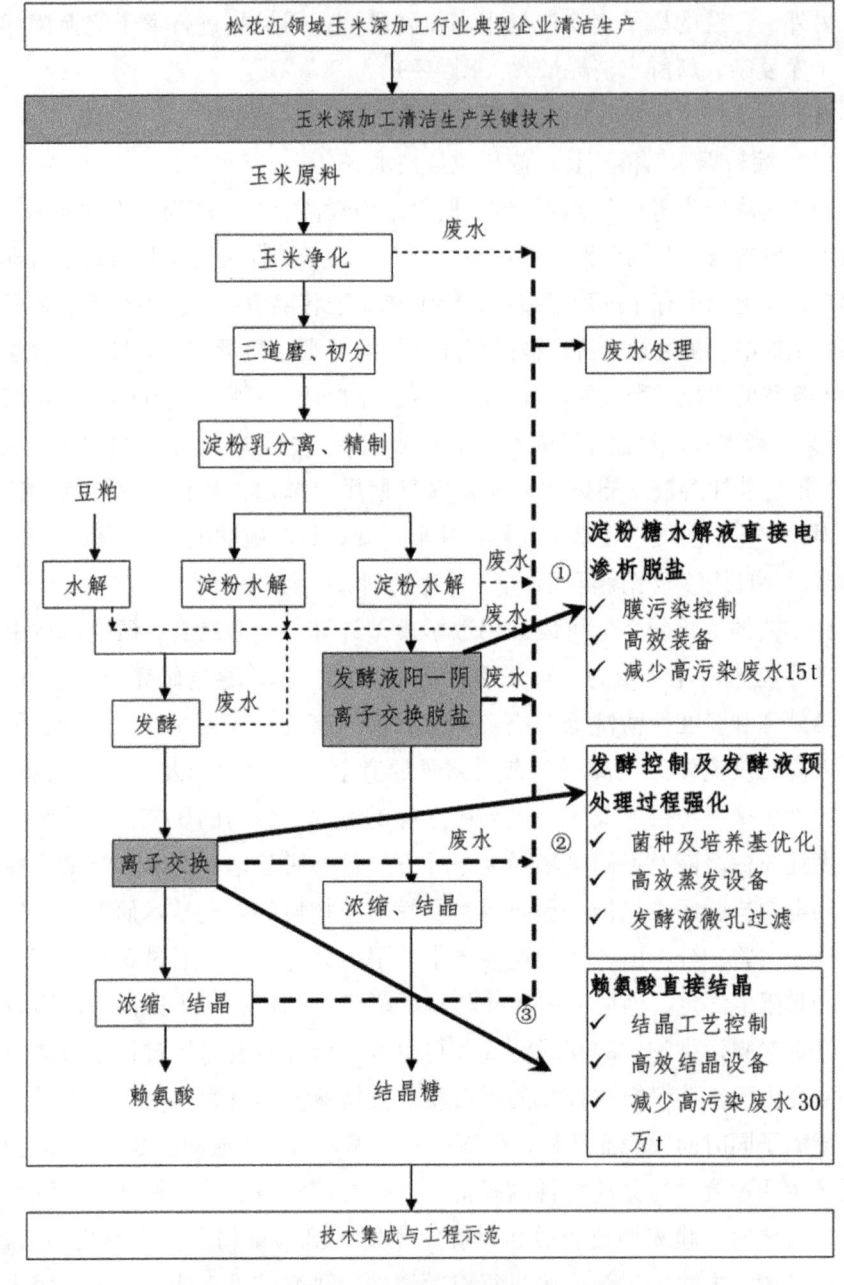

图 4-1　玉米深加工清洁生产技术集成路线

注：①淀粉直接电渗析脱盐；②发酵控制及发酵液预处理过程强化；③赖氨酸直接结晶。

研究。通过模拟增压，研究离子渗透和水渗透的原因，同时确定降低和防治渗透的方法。实验研究得出实际运行时，水侧压力宜略高于糖侧，以提高物料糖的收率。⑤电渗析主脱盐的前处理与后处理工艺研究与优化。通过优化除蛋白工艺操作，强化助滤剂过滤，增加微滤膜对淀粉糖脱盐前糖溶液中存在的蛋白、多肽等有机杂质进行去除，以降低膜污染和提高膜通量。

(2) 赖氨酸高效发酵与直接结晶分离技术

赖氨酸传统生产工艺：采用直接发酵法生产赖氨酸，以淀粉水解液作为碳源，以豆粕水解液作为有机氮源，以硫酸铵、液氨等作为无机氮源，采用特定菌株在发酵罐中发酵。发酵法生产赖氨酸分为 4 个工段，即淀粉水解、豆粕水解、发酵和提取精制。赖氨酸生产传统工艺虽然经过多年的运行和改进，清洁生产上业已取得了一些成效，但因离子交换固有的缺陷，在运行过程中能耗巨大。

赖氨酸高效发酵 - 直接结晶法是将发酵液经过灭菌等预处理后，直接进行蒸发浓缩结晶，分离得到干燥的纯度为 98% 的赖氨酸成品，并利用分离母液生产 65% 的复合氨基酸的过程。新的赖氨酸结晶工艺省略了传统的离子交换工序，对发酵和结晶工艺进行优化，能够提高赖氨酸纯度和收率，大幅降低酸、碱、水和能量消耗，减少有价组分随废水排放，从源头降低废水中的有机物。

新工艺具有以下优点：①取消了离交树脂提取，可节约大量蒸汽、新鲜水等能源；②取消了液氨、氯化铵的使用，盐酸用量也大幅减少；③污水排放几乎为零，达到无污染生产；④赖氨酸发酵液得到充分利用。

在此工艺优化上可以进行以下研究：①发酵菌种及发酵工艺（培养基）的研究与优化。应用基因工程技术等手段研发高产赖氨酸新菌种，大幅提高产酸率和转化率，降低原料消耗；研发大规模工业化条件下，赖氨酸菌种的发酵动力学、发酵工程技术；简化培养基配方，降低发酵结束后发酵液中发酵因子的残存量，减少结晶过程中的影响因素。将发酵添加的营养盐由硫酸铵改为氯化铵，赖氨酸盐酸盐的收率为 50% ~ 60%。②超滤工艺优化研究。通过控制膜孔径的大小，减少低分子量蛋白、多肽的通过率，从而提高后段赖氨酸结晶物的纯度。③多效蒸发工艺优化研究。通过改变多效蒸发的时间和温度，达到合理的物料的结晶浓度，最大限度地提高一次结晶率，降低能源消耗。④发酵液黏度、微粒对膜通量、膜污染影响及微滤过程强化研究。通过对发酵液黏度、发酵液成分、影响膜通量因素的分析研究，确定最佳发酵液浓度、最佳膜压力及最佳膜污染的处理方法。⑤赖氨酸结晶热力学、动力学研究。研究赖氨酸结晶过程中温度、浓度与结晶速率之间的相互关系，找出最佳结晶温度和物料浓度。⑥高效结晶反应器优化设计与控制技术研究。确定最佳物料结晶体积、结晶过程中搅拌速率、结晶温度及分离膜孔径的优化。⑦结晶残液制饲料工艺与关键设备研究。结晶母液的后处理工艺、结晶母液发酵造粒技术及设备研究。

采用新工艺比传统工艺每年可减少大量的高浓度污水排放。污水主要是蒸发冷凝液及低浓度废水，这部分废水经生化处理后，辅以活性炭过滤、灭菌和超滤处理，完全可以作为中水回用。新工艺采用后淀粉糖及赖氨酸生产可基本达到污水零排放。

4.1.2　技术评价及适用范围

（1）淀粉糖水解液直接电渗析脱盐技术

目前全国淀粉糖年产量1100万～1200万t，提纯工艺均是采用传统阳-阴多级离子交换脱盐方法，经离子交换树脂去除盐分制得精制淀粉糖浆。离子交换树脂用稀盐酸和低浓度烧碱再生，用软化水冲洗，产生的洗水作为污水排入污水处理站。每吨商品糖污水产生量约1.5 t。这部分污水含有较高浓度的氯化钠。

以生产10万t糖计算：采用传统的工艺过程，因离交固有的缺陷，污水中COD较高，其中COD 4500～5000 mg/L，排放污水15万t，污水处理困难，且树脂使用寿命有限，经常需要更换或替换，运行费用大，并且废树脂处理困难。年消耗各种浓度的酸、碱5400 t，不利于清洁生产。采用电渗析脱盐工艺则可完全避免离子交换提纯过程，在外加直流电场的作用下，含盐的淀粉糖溶液经过阴、阳离子膜和隔板组成的隔室时，水中的阴、阳离子开始定向运动，阴离子向阳极方向移动，阳离子向阴极方向移动，由于离子交换膜具有选择透过性，致使淡水隔室中的离子迁移到浓水隔室中，从而达到脱除盐分的目的，不产生高盐分污水，实现完全的清洁生产。

同时，通过成本核算，电渗析除盐的吨成本可在现有基础上下降22%，因此，通过推广电渗析除盐工艺，对于降低集团淀粉糖生产成本，乃至在全国同行业推广具有重大意义。实现了电渗析技术在淀粉糖脱盐领域零应用的突破，彻底改变了传统的淀粉糖离子交换脱盐技术，真正实现了节能降耗、减少污水排放、清洁生产的目标,具有广泛的推广价值。

(2) 赖氨酸高效发酵与直接结晶分离技术

目前赖氨酸全国产能已达到 75 万 t,98% 的高浓度赖氨酸均采用离子交换树脂老工艺提纯,此工艺经过多年的运行和改进,清洁生产业上已取得了一些成效,但因离交固有的缺陷,在运行过程中能耗巨大。直接结晶法生产赖氨酸改变了传统的高纯度赖氨酸离子交换生产工艺,实现污水的零排放,节能降耗,为解决发酵法生产氨基酸工艺后处理过程易产生大量污水的问题提供了切实可行的解决方案。按年产 10 万 t 98% 的赖氨酸计算,采用赖氨酸直接结晶法:每年可少排污水 230 万 m^3、可节约新鲜水 120 万 m^3、可节约液氨 1.25 万 t、可节约盐酸 6.21 万 t、可节约氯化铵 1.5 万 t、节约蒸汽 19 万 t、可节约电 1000 万 kW·h。

适用范围:玉米等粮食深加工等行业废水。淀粉糖水解液直接电渗析脱盐技术的技术就绪度:TRL-6;赖氨酸高效发酵与直接结晶分离技术的技术就绪度:TRL-6。

4.1.3 主要技术创新点

(1) 淀粉糖水解液直接电渗析脱盐技术

在工艺的优化研究上可以采用数学模型计算与实验结合,通过流体中离子电迁移规律、迁移阻力、离子渗漏等提高脱盐率,通过研究膜污染机制、膜污染处理和膜在线清洗等解决实际工程中的膜污染问题。

长春大成新资源集团有限公司,首次在行业内采用电渗析脱盐工艺,建成年产 10 万 t 淀粉糖生产线,电迁移装置一次脱盐率达 80%,电渗析除盐的吨成本在原有工艺基础上下降 22% 左右。

(2) 赖氨酸高效发酵与直接结晶分离技术

赖氨酸高效直接发酵与直接结晶分离技术省略了传统的离子交换脱盐净化步骤,大幅降低酸碱、新鲜水和能量的消耗,并降低有价组分的流失。

关键技术是通过基因工程技术开发高产、适应性强的赖氨酸新菌种,并调变培养基配方,降低发酵液中发酵因子残留量,提高结晶效率;通过控制纳滤膜的孔径截留低分子量蛋白、多肽,提高赖氨酸结晶物的纯度,产品纯度≥98.5%,符合《饲料级 L-赖氨酸盐酸盐》(NY 39—1987)标准。高效结晶反应器的设计。

4.1.4 典型案例

示范企业：长春大成新资源集团有限公司

关键技术：淀粉糖水解液直接电渗析脱盐技术、赖氨酸高效发酵与直接结晶分离技术

项目：年产10万t淀粉糖电渗析脱盐和年产2万t赖氨酸直接结晶法提纯及年减排45万t污水示范工程项目

1）年产10万t淀粉糖电渗析脱盐示范工程

在40%的糖度下，2.17 cm/s的流速下，经6.3 m的流程长度以2000 μs/cm电导含盐量的糖液进料，电迁移装置一次脱盐率能达到80%。完成针对膜污染物的在线清洗和再生方法研究，目前工程上使用的膜经多次清洗后脱盐率仍保持85%以上。根据电渗析膜结构、通透性及电渗析特性的不同，建立两套电渗析装置，运行能力分别为3 t糖/h、5 t糖/h。两套电渗析装置的年处理量达到6万~7万t糖。新工艺同老工艺相比，每吨糖少用软化水及减少污水排放约1.5 t，年产10万t淀粉糖可减少污水排放15万t，分别节省酸、碱480 t和778 t，COD减排685 t。大成集团目前淀粉糖生产总量达到150万t，其中商品糖40万t，用于下游其他产品（氨基酸、化工醇、果糖等）用糖110万t，目前通过电渗析除盐的量接近10万t，通过成本核算，电渗析除盐的吨成本可在现有基础上下降22%。10万t淀粉糖电渗析脱盐生产工艺，同类专利及同类产业化工程国际及国内未见报道。

因此，通过推广电渗析除盐工艺，对于降低集团淀粉糖生产成本，乃至在全国同行业推广有着重大意义。实现了电渗析技术在淀粉糖脱盐领域的突破，彻底改变了传统的淀粉糖离子交换脱盐技术，真正实现节能降耗、减少污水排放、清洁生产的目标，具有广泛的推广价值，电渗析脱盐示范工程设备如图4-2所示。

2）年产2万t赖氨酸直接结晶法提纯

赖氨酸直接结晶法先后通过3 t/d小试装置，50 t/d中试装置，最后实现2万t直接结晶法赖氨酸提取工艺的示范装置，于2010年年底投入生产，一次结晶率可达64%，成品对发酵液干物质收率99%以上；产2万t赖氨酸可减少盐酸用量1.24万t，减少液氨用量0.25万t，减少污水排放25万~30万t，COD减排1725 t，每年节约新鲜水20万m³、液氨2000 t、盐酸6000 t、氯化铵

a 立式电渗析装置

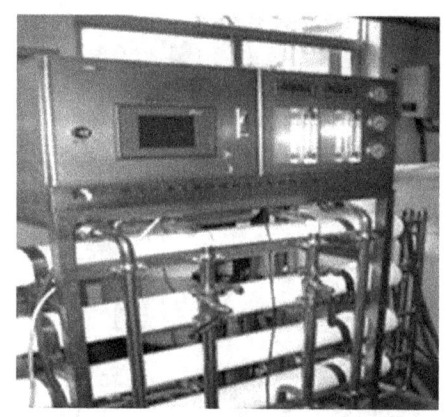
b 反渗透装置

c 电渗析膜装置

d 储罐

图4-2 电渗析脱盐示范工程设备

600 t、蒸汽5000 t，扣除各种折旧费和消耗外，每年取得经济效益净额约1200万元。同时，构建了产酸率和转化率达到国际先进水平的发酵菌种一株，赖氨酸高产菌种，使产酸提高到了19%、转化率62%，使吨发酵成本降低了近1000元，并且提高了发酵液质量，使新的提取和直接结晶工艺得以实现。此菌种和技术已申请国际发明专利。

直接结晶法生产赖氨酸改变了传统的高纯度赖氨酸离子交换生产工艺，实现污水的零排放，节能降耗，为解决发酵法生产氨基酸工艺后处理过程易产生大量污水的问题提供了切实可行的解决方案。按年产10万t 98%的赖氨酸计算，采用赖氨酸直接结晶法：每年可少排污水230万t，可节约新鲜水120万t、液氨1.25万t、盐酸6.21万t、氯化铵1.5万t、蒸汽19万t、电1000万kW·h。赖氨酸直接结晶法提纯设备如图4-3所示。

a 结晶过滤罐

b 离心机

c 流化床

d 膜过滤

图4-3 赖氨酸直接结晶法提纯设备

4.2 糠醛加工行业全过程控制技术

4.2.1 技术简介

糠醛行业清洁生产关键技术针对糠醛生产，重点利用玉米芯水解产物产生的高温醛蒸气不经冷凝直接与粗醛废水进行耦合精馏分离，塔顶回收粗醛，塔釜残液中和处理后，进行多效蒸发浓缩，获得绿色融雪剂粗产品，外排不凝气体经过冷却及通过萃取精馏分离丙酮和甲醇,二效蒸汽冷凝后作锅炉补充水。优化了硫酸催化玉米芯水解生产糠醛工艺中蒸出流量、温度、时间、硫酸浓度、液固比等参数,并添加阻聚剂及抗氧剂减少副反应,开发了废水处理零排放工艺及生石灰中和糠醛废水后蒸发除水,浓溶液经活性炭吸附后喷雾干燥造粒,糠醛深加工清洁生产技术集成路线,如图4-4所示。

各典型工序水污染控制技术原理如下。

(1) 硫酸催化玉米芯水解生产糠醛工艺优化研究

我国糠醛工业生产一般在135~175 ℃、4.0%~8.0%的硫酸催化下进行,糠醛收率较低,仅为50%~60%。影响糠醛收率的工艺参数主要有蒸汽蒸出流量、反应时间、温度、硫酸浓度、液固比等,深入研究糠醛生产工艺的影响因素,对这些参数进行优化是改进糠醛生产工艺的基础,同时也为寻求新工艺开发的方向。本研究主要针对糠醛产率低、玉米芯资源浪费严重的问题,对玉米芯水解过程的主要工艺参数影响糠醛收率的规律进行系统研究,可采用单因素实验和正交实验的方法对工艺条件进行了优化,在优化工艺条件的基础上选择添加阻聚剂和抗氧剂,抑制玉米芯水解过程发生的副反应,进一步提高糠醛收率。

①蒸出流量的影响。提高蒸出流量,缩短糠醛在反应釜内的停留时间,生成的糠醛可被及时移出体系,减少副反应的发生。我国传统糠醛生产工艺没有对通入水解锅的蒸汽进行流速定量控制。在糠醛生产中,若蒸汽流量太小,容易导致糠醛在水解锅内停留时间过长,造成糠醛收率较低;若蒸汽流量过大,则蒸汽消耗高。因此,糠醛工业生产中有必要实行蒸汽流速的定量控制,缩短停留时间,进而提高糠醛的收率。

②反应时间的影响。反应时间过短,反应进行的不彻底,糠醛产率低;反应时间过长,副反应加剧,糠醛收率也会降低。因此,反应时间应稍大于木糖反应完毕时间。反应时间还会间接影响耗水量的多少。在蒸出流量相同的条件下,反应时间越长,耗水量越大;反应时间越短,耗水量越小。所以应在保证一定糠醛收率的情况下,尽量缩短反应时间。

③硫酸浓度的影响。我国传统糠醛生产工艺,硫酸浓度较高为4.0%~8.0%。若选择较低硫酸浓度,反应速率降低,生成的糠醛能够来得及移出体系,糠醛收率提高;保证糠醛来得及移出体系所需的蒸汽流量降低,蒸汽消耗降低;硫酸用量少,产生的酸性废水少,环境污染降低。

④温度的影响。我国传统糠醛生产工艺中,水解锅底部通入0.6M~0.8MPa

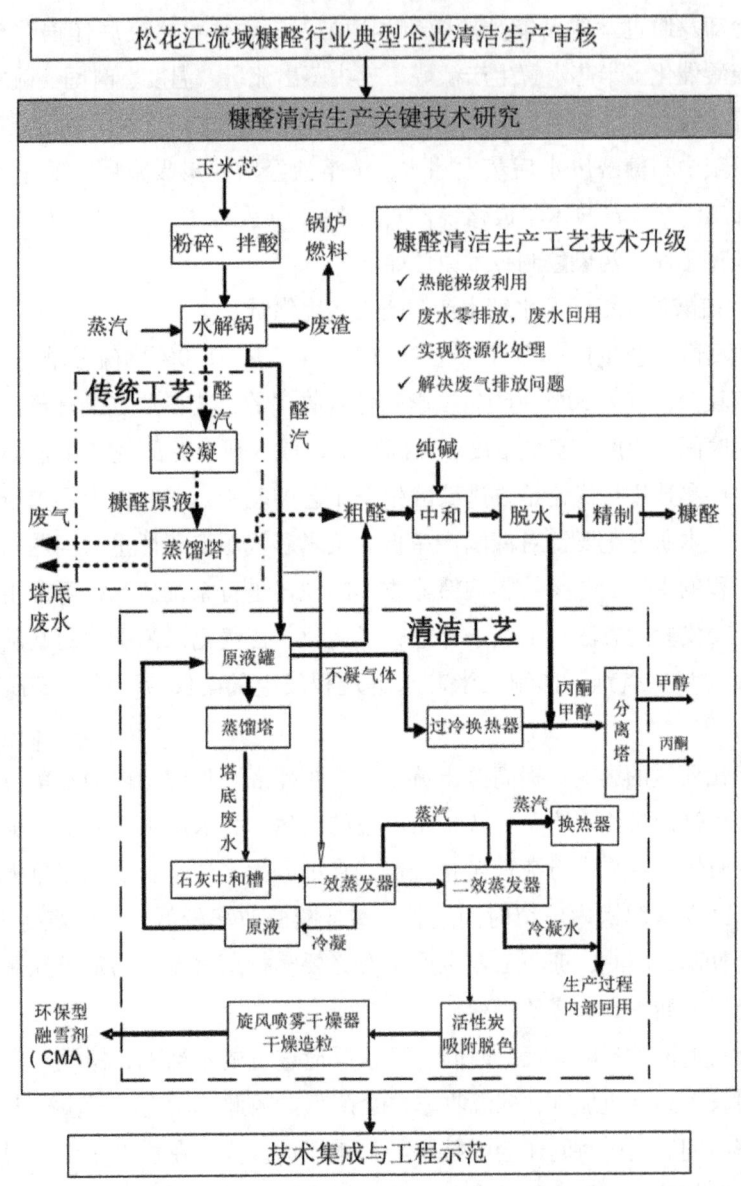

图4-4 糠醛深加工清洁生产技术集成路线

(160~175℃)的饱和蒸汽直接加热玉米芯,饱和蒸汽在加热过程冷凝,出口压力低于进口压力,则在水解锅内,底部温度高,顶部温度低,温度不均匀,整体温度较低,造成糠醛收率较低。适当提高糠醛生产过程温度,既可以提高反应速度、缩短反应时间,又可以提高糠醛收率;但温度过高,糠醛生产过程的副反应加剧,并且温度受反应器的抗腐蚀能力的限制,不能太高。

(2) 糠醛废水综合利用的新工艺

1) 废水零排放技术

糠醛废水的主要来源是糠醛蒸馏塔的塔下废水，利用蒸发器对塔下废水进行蒸发回用，是一种良好的废水零排放方法之一。在对塔下废水蒸发前，利用醛气余热对废水进行加热，可减少对锅炉蒸汽的消耗，也对醛气进行了冷却。经过蒸发后产生的废水蒸气进入水解锅中参与糠醛反应，从而实现废水的回用。既减少了糠醛生产对新鲜水的依赖，也杜绝了糠醛生产废水的排放。此过程是实现糠醛废水零排放的关键。

2) 糠醛废液制环保型醋酸钙镁盐技术

糠醛生产过程中会产生大量废水，其主要成分为醋酸，如能回收利用生产醋酸钙镁盐（CMA）——融雪剂，既可降低 CMA 生产成本，又可降低糠醛生产废水的处理费用，同时保护了环境，一举多得。利用糠醛废水中醋酸来生产 CMA，基本工艺流程如下。①废水中和。糠醛生产中产生的塔底废水经过一个由石灰石构成的流化床，使该废水中和至 pH 7~8。②残液浓缩。用双效蒸发系统使废水中的水分蒸发，残液得到浓缩。③吸附过滤。将残液移入反应釜中，加入粉状活性炭，吸附、离心、过滤。④烘干滤液得到白色醋酸钙镁融雪剂（图 4-5）。

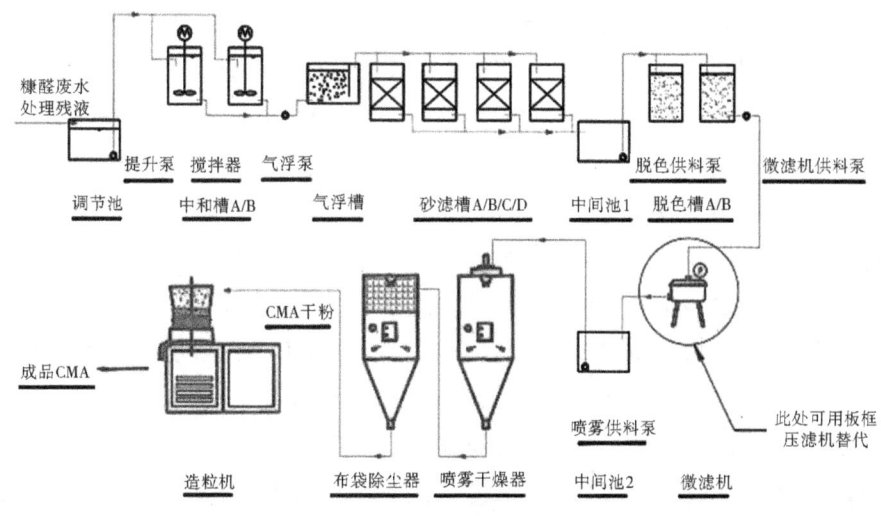

图 4-5 融雪剂生产工艺流程

该工艺优点：原料中醋酸来自糠醛生产中的塔底废水，在对其进行处理的同时,得到醋酸钙镁,使废水资源化,污水零排放,并且得到的环保型融雪剂质量符合标准,生产成本大幅下降。

3) 糠醛渣制取活性炭技术

上述利用糠醛废水中醋酸来生产 CMA 的工艺采用活性炭对醋酸钙镁浓缩液进行吸附脱色,而此处的活性炭可由糠醛渣来制取。该项技术首先通过研究糠醛渣干燥的动力学性能,开展不同试验工况条件的醛渣干燥特性试验,完成糠醛渣清洁干燥设备的研制。在流化床干燥反应器上通过锅炉尾气余热对糠醛渣进行快速干燥,然后将糠醛渣送入排风道,在引风机的作用下,锅炉烟气将糠醛渣提升至锅炉炉膛顶部,经旋风分离,醛渣在拨料器的作用下进入炉膛燃烧。经过烟气尾气干燥的糠醛渣被送入锅炉炉膛顶部,通过重力作用在锅炉炉膛空间下落过程中燃烧。为了使燃烧充分,在干燥后的醛渣进入炉膛后,进入左右两个进料管,从而实现醛渣在下落过程中的完全燃烧。

然后考察热解终温、加热速率及热解时间对糠醛渣热解产物的影响,研究了以水蒸气为活化介质的醛渣焦炭制取活性炭实验。从而完成了以糠醛渣为热解原料的活性炭制取工艺设计。在经过螺旋形烟道壁面加热后,糠醛渣进入热解反应器中进行热解反应,产生可燃气体及活性炭。

4) 糠醛生产蒸发器除垢与消泡技术

糠醛生产中的废水(主要为蒸馏塔底排出的废水)主要成分为乙酸2%~3%、糠醛0.02%~0.04%、甲基糠醛和萜烯类0.2%~0.3%,根据玉米芯原料水解过程中半纤维素酸催化原理,将废水蒸发后可取代部分一次蒸汽用于原料水解过程所需。从而实现废水的循环利用,节省大量水资源及生化处理投资。

但是由于糠醛厂醛渣焚烧炉燃烧效率低,蒸发过程中蒸发器严重的结垢使实际消耗的锅炉蒸汽远远高于设计值,由此造成实际生产过程中锅炉蒸汽不足,影响生产且废水不能完全被蒸发处理。具体问题:①糠醛废水中存在的可溶性糖、玉米油及各类少量高废物在废水蒸发过程中,在换热管内壁形成致密、坚硬的污垢层,严重降低换热效率,清除难度大;②水解残渣含水率过高直接导致燃烧效率低,从而导致锅炉效率低下、水蒸气产量低。

针对以上问题,采用糠醛生产蒸发器除垢与消泡技术即可解决。该技术包括:①溶气气浮法除油。溶气气浮法是一种高效、快速分离方法,其基本原理是通过溶气方式在水中溶解空气,并瞬间释放产生微气泡,使其与水中的疏水性油脂黏附,形成整体体积质量小于水的浮体,从而使固体颗粒与气泡的整体密度小于水而上浮达到去除的目的。采用气浮法除油时,因水中存在着非溶解油脂、有机物及大量的微细气泡,水中油脂、有机物及微气泡相互黏附后形成的带气絮粒上浮至水面从而达到去除的目的。塔底废水经高压水泵加压至 0.6 M ~0.8 MPa,压入溶气系统,与此同时,由空压机向溶气罐压入空气。溶气后的水混合物再通过减压阀或释放器进入油水分离系统,析出气泡进行气浮,在分离区形成浮渣,用刮渣机撤除。除油后废水由管道直接排出,进入下一处理工序。加压溶气气浮系统主要包括溶气系统、释气系统、分离系统、排渣系统 4 个部分。②消泡技术。该关键技术已经完成了实验室实验,实验表明,蒸发器内壁所产生污垢能绝大部分溶于氢氧化钠溶液,故先将糠醛废水采用氢氧化钠进行预处理,将 pH 值控制在 8~9,一方面将废水中醋酸转化为醋酸钠;另一方面可抑制污垢的产生。

废水中加入氢氧化钠后,液体表面张力下降,表面黏性和表面塑性增大,极易形成弹性泡沫,且具有一定的稳定性,如不消除,将大幅影响蒸发效果及水解效率。在此采用最新研发的疏水性多孔陶瓷对加入氢氧化钠后产生的泡沫进行消泡。

糠醛行业清洁生产关键技术在"十一五"期间已在吉林省乾安县佳辰化工有限公司应用。该公司已完成年产 10 000 t 环保型融雪剂醋酸钙镁项目示范工程的建设和 3000 t 糠醛/a 生产线的全流程清洁生产技术升级改造。

4.2.2　技术评价及适用范围

长春甲辰环保设备有限公司,建成年产 10 000 t 环保融雪剂示范工程,满负荷运行后可年节水 100 万 t,减排 COD 14 000 t。工程运行后已生产液体和固体两种融雪剂,投放市场后,受到客户的一致认可。

适用于玉米芯制糠醛行业的废水处理工程。硫酸催化玉米芯水解生产糠醛技术的技术就绪度:TRL-6;糠醛废水综合利用技术的技术就绪度:TRL-6。

4.2.3　主要技术创新点

本技术创新点主要有:①实现多聚戊糖水解与脱水制备糠醛过程副反应的有效抑制,研发高效糠醛阻聚剂,显著提高糠醛生产过程资源利用率;②实现糠醛生产废水精馏-蒸发过程低沸点不凝气中甲醇与丙酮的高效分离与回收;③实现糠醛生产过程低浓度乙酸废水资源的综合利用与绿色环保型融雪剂的规模化生产。

4.2.4 典型案例

示范企业：吉林省乾安县佳辰化工有限公司

关键技术："糠醛生产过程玉米芯高效清洁转化与糠醛阻聚—低浓度乙酸废水资源化综合利用制环保型融雪剂—工艺废气有价组分短程绿色分离回收"的集成技术

1）年产 3000 t 糠醛清洁生产示范工程

以年生产能力为 3000 t 糠醛计，给 5% 的醛蒸气冷却每小时需要 5000 m^3 水，耗电 25 kW·h，采用清洁生产工艺后，利用 5% 的醛蒸气作为热源供给双效蒸发器，剩余醛蒸气冷却只需 500 m^3 水，耗电 3 kW·h，每天节电 480 kW·h。按工业电价 0.8 元/（kW·h）计算，则每年节省电费 11.52 万元。

2）年产 10 000 t 环保型融雪剂示范工程

实现环保型融雪剂产能 10 000 t/a，节水 100 万 t/a，减排 COD 14 000 t/a。清洁生产前，锅炉补充水用量为 20 t/h；采用清洁生产工艺后，二效蒸发器的冷凝水量约为 10 t/h，可供给锅炉作为补充水，每年节约锅炉软化水 72 kt，现每吨锅炉软化水的成本约 1.00 元，则每年节约资金 7.2 万元。采用本清洁生产技术后，可回收甲醇 100 t/a、丙酮 100 t/a、环保型融雪剂醋酸钙镁（CMA）500 t/a。目前甲醇、丙酮及 CMA 的价格分别为 3000 元/t、9000 元/t 和 10 000 元/t，每年可创造经济效益 620 万元。实行清洁生产技术后，节能、节水及废弃物资源回收利用后每年可为企业创造经济效益总计 638.72 万元。

通过示范工程，将清洁生产集成技术在吉林和黑龙江两省糠醛生产企业的进一步推广应用，对松花江流域水质改善产生积极影响，生产装置及产品如图 4-6 所示。

a 中和罐

b 浓缩装置

c 造粒装置

d 固体融雪剂产品

图4-6 生产装置及产品

4.3 大豆深加工行业全过程控制技术

4.3.1 技术简介

大豆深加工企业普遍采用大豆浸油-豆粕提蛋白的生产工艺,较国外先进水平尚有一定的差距,主要表现为有效成分提取率不高、单位产品废水产量大、废水处理能力不能满足生产需要等,为节能减排工作带来巨大压力。只有通过提高加工过程的清洁率和有机废水深度处理能力才能提高生产效益,并达到节能减排的效果,即将大豆分离蛋白多级逆流萃取工艺、酶法脱胶清洁工艺、大豆乳清废水IC厌氧处理+CAAC污水深度处理工艺等关键技术运用于整个行业全流程中,从而实现生产过程全流程的污染控制、污水的高效处理和原料的多途径利用，如图4-7所示。

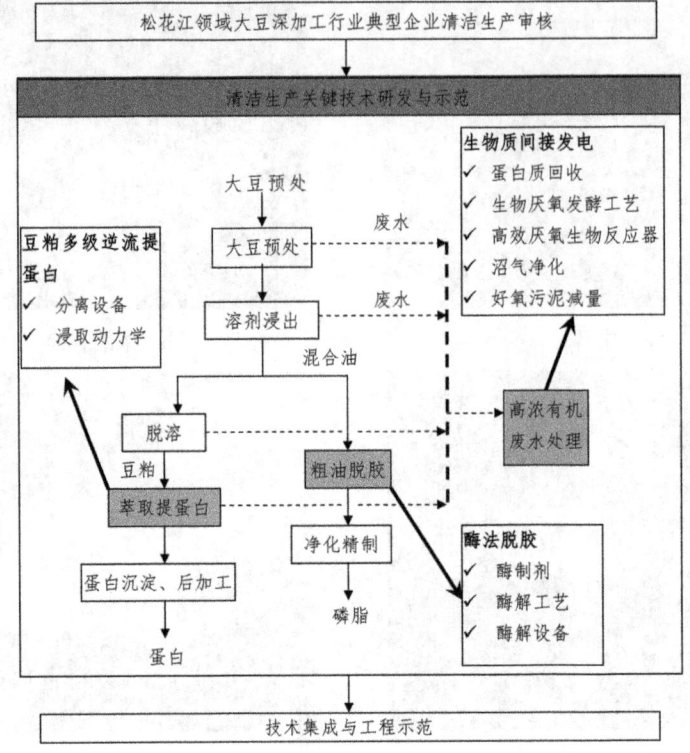

图4-7 大豆深加工清洁生产技术集成路线

各典型工序水污染控制技术原理如下。

（1）多级逆流固液提取技术

研发单位：北京理工大学

数据来源：大豆深加工行业清洁生产技术研究及工程示范（2008ZX07207-003-03）

目前工业上使用的大豆分离蛋白提取过程属于错流提取工艺。由于错流提取工艺用水量较高，提取液中蛋白质浓度与用水量近似呈反比，7S和11S组分的浓度被降低后导致其在酸沉阶段沉淀不完全，乳清废水中存在一定量的7S和11S球蛋白及其亚基，增加了后续水处理过程负荷，同时也降低了大豆分离蛋白的收率。在此使用多级逆流固液提取过程中的固液比例为1∶8，降低了提取过程的用水量。结果表明提取液中7S和11S组分的总释放率可达75%左右，在酸沉淀阶段7S和11S组分的收率提高了3%，降低了乳清废水中7S和11S组分的总量，同时降低用水量后乳清废水中2S组分浓度与错流提取工艺相比有所增加。另外,实验比较了固液比例分别为1:7、1:8和1:9条件下多级逆流固液提取工艺中大豆中蛋白质的释放量及7S和11S组分的相对含量变化。随着固液比例的降低,多级逆流固液提取工艺对离心分离过程要求越高,在工业上会增加动力消耗。同时,过低的固液比例导致7S和11S组分浓度过高也会影响其释放行为。另外,在多级逆流固液萃取过程中通过增加pH值和固液比例梯度的方式提取大豆分离蛋白,确定了在多级逆流固液萃取工艺中不同提取级数之间pH值梯度范围为7~8,并确定了最佳固液比例为1:8,最佳提取时间为20 min。

多级逆流固液提取技术是一种固相物料和溶剂相对运动方向相反、连续定量加入固相物料和溶剂并导出残留物和提取液的连续分离技术。多级逆流固液萃取方式替代现有的高耗水错流浸取工艺从豆粕中提蛋白,保证蛋白质收率不降低的基础上大幅减少新鲜水消耗。重点研究蛋白浸取动力学、蛋白质稳定性及杂质影响;研究蛋白、豆渣快速分离工艺与设备。

(2) 大豆酶法脱胶技术

研发单位:北京理工大学

数据来源:大豆深加工行业清洁生产技术研究及工程示范(2008ZX07207-003-03)

酶法脱胶清洁工艺是在油脂精炼中采用现代生物工程高新技术,利用分离的筛选磷脂酶将毛油中的非水合磷脂水解掉一个脂肪酸,从而提高磷脂的亲水性,可以更方便、经济、环保地利用水化的方法将磷脂除去掉,以达到油脂生产企业降低生产成本、提高出油率、增加经济效益的目的。

酶法脱胶具有以下优点:①适应性强,酶法脱胶可广泛应用于各种植物油,如大豆油、菜籽油、玉米油、棉籽油、米糠油、葵花籽油等;②节约用水,传统脱胶水洗工序需要10%~15%的水,酶法脱胶免掉了水洗工序;③不产生皂脚,避免化学精炼过程中皂脚产生,因而可省略处理皂脚的后续工序,排除处理皂脚带来的环保问题;④酶法脱胶后,油中含磷量更低,有利于后续工序白土对色素的吸附;⑤由于酶的专一性,不会分解三甘酯产生副产品,因而更安全、得率更高;⑥从根本上提升副产品磷脂质量,有利于进一步开发具有高附加值的磷脂产品。

(3) 大豆加工废水连续化好氧-厌氧耦合(CAAC)处理新工艺

研发单位:北京理工大学

数据来源:大豆深加工行业清洁生产技术研究及工程示范(2008ZX07207-

003-03)

移动床生物膜反应器（Moving Bed Biofilm Reactor，MBBR）是生物膜反应器的一种，其既具有传统生物膜法耐负荷、污泥龄长、剩余污泥少、无污泥膨胀现象发生的优点，又具有活性污泥法的高效性和运转灵活性，被广泛应用于生活污水，以及食品、化工、纺织和炼油等高浓度有机废水的处理。AAC工艺是将厌氧和好氧处理耦合在同一反应器中的工艺。在MBBR和AAC反应器的基础上，基于流离和多相生物反应原理，设计了连续化好氧－厌氧耦合（Continuous Aerobic Anaerobic Coupled，CAAC）反应器。在CAAC反应器中废水先经过MBBR进行有机物的高效去除，然后再进入后续的AAC反应器，通过环境条件的改变以强化微生物的内源呼吸作用，厌氧消化，在去除废水中有机污染物的同时，实现剩余污泥的减量化。

(4) 大豆加工废水IC厌氧处理－沼气联产发电集成工艺

研发单位：北京理工大学

数据来源：大豆深加工行业清洁生产技术研究及工程示范（2008ZX07207-003-03)

IC反应器，即循环式颗粒污泥反应器，作为一种改进型的UASB反应器，由于采用较大的高度/直径比和大的回流比，在高的上流速度和产气的搅动下，污水与颗粒污泥间的接触更充分，使IC内基质向颗粒污泥内部的传递优于混合强度较低的UASB反应器。同时颗粒污泥的循环使反应器内生物相达到完全流化的状态，降低了能源消耗。

在大豆蛋白加工工艺中加入的各种化学品可能导致对生物处理的严重毒性。因为在UASB反应器中厌氧颗粒污泥是膨胀而非全混，毒性抑制可能对UASB有影响。在UASB底部，厌氧污泥床可能处于受抑状态。但是在IC反应器中，由于内循环反应器中，强烈的内循环搅拌作用使污泥床达到良好的混合，因而毒性抑制对IC反应器工艺基本没有影响。而接触厌氧污泥的絮状结构，在抗毒性方面是远远弱于颗粒污泥所具有的菌群结构。在颗粒污泥内部，径向分布的毒性物质浓度由外向内呈递减趋势，而对毒性敏感的产甲烷菌总是处于颗粒污泥的中心部位所以受到保护。由于内循环的作用，IC反应器比UASB反应器耐负荷冲击能力更强，而厌氧接触工艺中，由于负荷提高使沼气产量突然增加时，絮状污泥极易冲出反应器。

IC反应器和UASB反应器溢流堰需定期清洗，但是IC反应器的清洗表面只有UASB的20%。而且UASB反应器进水分布系统需要定期清洗，但IC反应器的进水分布器则不需要专门的清洗。在 UASB 反应器中，很大的底面积上分布着大量很小的布水管，非常容易造成堵塞故障。这种堵塞主要是因为蛋白累积和钙盐沉积造成。而 IC 反应器中，进水分布器是在很小的底面积上使用大口径的特殊布水管，因此不可能造成堵塞。

大豆蛋白污水中含有大量的蛋白等物质，这些物质在低上升流速的反应器内容易沉积而置换厌氧污泥，长久运行将导致厌氧反应器效率下降。而在 IC 反应器中，由于允许较高的上升流速，固体杂质如蛋白和磷酸盐可以被冲出反应器，而不至在反应器内停留和累积，因此，IC 反应器的长期运行的稳定性得到保证。

4.3.2 技术评价及适用范围

①豆瓣多级逆流洗涤技术包括豆粕中蛋白质精确识别技术、蛋白质释放行为及解聚机制、pH 值梯度的多级逆流提取等关键技术。实现单位重量豆粕的用水量节省约 10%，蛋白质提取率提高 2%~4%，中试规模的豆粕处理能力不低于每天 2000 kg。根据目前大庆日月星有限公司的生产规模，项目实施后每年可节省水资源约为 6 万 t。

②酶法脱胶。与目前现有工艺相比，实现处理单位重量粗油的用水量节省 5%~10%，脱胶油含磷量降低到 10 mg/kg 以下。根据目前大庆日月星有限公司的生产规模，项目实施后每年可以节省水资源约为 2000 t。项目实施后每年为企业节约成本近 20 万元。

③好氧-厌氧耦合工艺。将好氧和厌氧处理耦合在同一反应器中，COD 去除率为 93.08%，BOD 去除率为 95.81%，SS 去除率为 98%，出水不但符合国家二级排放标准，而且几乎没有剩余污泥排放。该工艺突破了以往食品深加工废水处理只关注处理效果的传统思想，而将废水处理效果与污泥减量化有机结合起来。它不但具有传统生物法效率高、操作简单的特点，而且避免了剩余污泥再处理问题，降低了成本，并避免对环境造成二次污染，具有良好的经济效益和社会效益。

④配套一座日处理量为 3150 t 的污水综合处理线，运用过程分析技术监测沼气产量、组分及过程，实现并优化 IC 厌氧处理-沼气联产发电集成工艺，配套安装 1 台沼气发电机。厌氧沼气产量为 1.1 万 m^3/d，沼气中甲烷含量为 60%~70%，如果采用沼气发电机发电，每天折合效益约 8250 元，年效

益达272万元。

适用于大豆深加工行业水污染控制。多级逆流固液萃取技术的技术就绪度：TRL-6；酶法脱胶技术的技术就绪度：TRL-7；连续化好氧－厌氧耦合CAAC废水处理技术的技术就绪度：TRL-6；IC厌氧处理－沼气联产发电集成工艺的技术就绪度：TRL-6。

4.3.3 主要技术创新点

①多级逆流萃取。利用蛋白质反相色谱技术对大豆分离蛋白中不同种类的蛋白质进行分离，对不同保留时间的组分进行收集，也对提取大豆分离蛋白后的乳清废水中不同种类的蛋白质进行了分离，并收集不同保留时间的组分。利用蛋白质酶解技术对各组分进行酶解处理，采用液质联用技术（HPLC-MS）对各蛋白质进行识别。确定了反相色谱分离后获得的各种蛋白质种类，及其在2 S、7 S、11 S和15 S等不同种类蛋白的归属性。研究表明：7 S和11 S蛋白质中的二硫键解聚是影响大豆分离蛋白提取工艺的关键因素，建立多级逆流固液萃取工艺应重点避免在蛋白提取过程中7 S和11 S解离。在大豆分离蛋白的提取过程中应尽可能地降低11 S亚基的解聚，可增加11 S的蛋白沉淀量，减少乳清废水中的蛋白质总量。豆瓣多级逆流洗涤技术包括豆粕中蛋白质精确识别技术、蛋白质释放行为及解聚机制，pH值梯度的多级逆流提取等关键技术。

②酶法脱胶。对不同质量和来源的植物毛油具有相当强的适用性，在实验室基本都可以使脱胶油的磷含量降于10 mg/kg，有的甚至低于5 mg/kg。尽管国内对磷脂酶及其在酶法脱胶的应用进行了一些相关研究，但所使用的磷脂酶绝大多数购于丹麦Novozymes公司，价格昂贵、缺乏自主知识产权，在一定程度上限制了它的大规模应用。此外，目前国内植物油酶法脱胶大多还处于实验室研究阶段。目前的脱胶工艺虽然有较好的脱胶效果，但仍存在工艺程序较复杂、脱胶耗时长等问题，尚未对工业化生产给予实质性的技术指导，而工业化的生产对反应系统和工艺条件提出了更高的要求。从而急需加强产磷脂酶的微生物选育和磷脂酶改造的研究，微生物磷脂酶的产量和酶活力的提高是磷脂酶酶法脱胶工业化的基础，因此，酶法脱胶技术重点在于通过微生物学筛选、基因重组技术等手段，筛选、设计并改造适应性强、脱磷效果好、活性高的酶制剂；利用单相酶扩散法和紫外分光光度法研究磷脂酶水解

磷脂动力学特性,确定酶解过程中反应时间、温度、pH 值、加酶量、加水量等技术参数进行酶解脱胶工艺的优化及酶解过程自动化精密控制技术研究等。

③大豆加工废水连续化好氧-厌氧耦合(CAAC)处理新工艺。COD 去除率高是 CAAC 工艺的重要特性,并且由于其结合了 MBBR 和 AAC 工艺的优点,不但在整个处理过程中好氧、厌氧交替出现,而且在同一区域也存在好氧-厌氧的耦合,在流离场作用下,废水中的悬浮物和污泥富集在载体之间,出水 ρ(MLSS)也很低,无须设置二沉池便可直接排放。另外,在 CAAC 工艺中,在载体的截留过滤作用和流离原理的作用下,微生物被完全停留在反应器内,实现了污泥停留时间和 HRT 的完全分离,因此,可在高容积负荷、低污泥负荷、长污泥停留时间下运行,从而降低了污泥产量,实现了剩余污泥的减量化。

④大豆加工废水 IC 厌氧处理-沼气联产发电集成工艺。基于过程分析技术对 IC 反应器处理污水能力和沼气产量、组分、发电效率及热能回收利用等途径进行过程诊断与控制,进而优化设计配套机组。通过技术衔接和优化集成,设计、建设处理量为 3150 m^3/d 大豆加工行业高浓度有机物废水厌氧制沼气-发电一体化示范工程。实现高浓度乳清废水的初步处理和资源化利用。由于 IC 反应器具有以上优点,采用 IC 反应器作为处理主体,对大庆日月星有限公司污水处理流程进行改造。在废水处理系统的厌氧消化阶段,采用 IC 厌氧系统处理后实现 COD 由 20 000 mg/L 降低到 3000 mg/L 以下,出水 pH 值由 4 左右升至 7 左右,水力停留时间与原有工艺相比缩短 30%。

4.3.4 典型案例

示范企业:大庆日月星有限公司

关键技术:酶法脱胶替代传统脱胶、多级逆流萃取提取大豆蛋白、CAAC 工艺处理高浓度有机废水和污泥减量化等关键技术进行技术集成

研发单位:北京理工大学

数据来源:大豆深加工行业清洁生产技术研究及工程示范(2008ZX07207-003-03)

1)大庆日月星有限公司 2 t/d 豆粕清洁生产示范研究

针对大豆深加工过程中所产生的废水,扩建一座日处理量为 3150 t 的污水处理厂,提高大庆日月星有限公司污水高效处理能力。同时回收利用 IC 厌

氧处理所产生的沼气,运用过程分析技术监测沼气产量、组分。在废水处理系统中的好氧生物处理阶段,采用剩余污泥原位降解技术和高效生物强化技术,处理 IC 厌氧系统排出废水,通过连续化好氧-厌氧耦合(AAC)工艺处理,实现废水的达标排放和剩余污泥的减量。豆粕清洁生产中试车间现场如图 4-8 所示。

图 4-8　豆粕清洁生产中试车间现场

2）多级逆流固液萃取的新型高效提取工艺中试研究

实现单位重量豆粕的用水量节省约 10%,蛋白质提取率提高 2%~4%,中试规模的豆粕处理能力不低于每天 2000 kg。根据目前大庆日月星有限公司的生产规模,项目实施后每年可节省水资源约为 6 万 t。

3）IC 厌氧处理-沼气联产发电集成工艺示范

配套一座日处理量为 3150 t 的污水综合处理线,运用过程分析技术监测沼气产量、组分及过程,实现并优化 IC 厌氧处理-沼气联产发电集成工艺,配套安装 1 台沼气发电机。厌氧沼气产量为 1.1 万 m^3/d,沼气中甲烷含量为 60%~70%,如果采用沼气发电机发电,每天折合效益约 8250 元,年效益达到 272 万元。

4）AAC 好氧-厌氧耦合处理工艺中试研究

实现最终污泥产量与现有工艺相比减少 20%~30%,同时缩短水力停留时间约 15%,出水 COD 平均为 50 mg/L,去除率达 96%,处理后的水质达到国家规定的《城镇污水处理厂污染物排放标准》二级标准。

该工艺突破了以往食品深加工废水处理只关注处理效果的传统思想，而将废水处理效果与污泥减量化有机结合起来。它不但具有传统生物法效率高、操作简单的特点，而且避免了剩余污泥再处理问题，减低了成本，并避免对环境造成二次污染，具有良好的经济效益和社会效益。

5）毛油酶法脱胶工艺

与目前现有工艺相比，实现处理单位重量粗油的用水量节省5%～10%，脱胶油含磷量降低到10 mg/kg以下。根据目前大庆日月星有限公司的生产规模，项目实施后每年可以节省水资源约为2000 t。项目实施后每年为企业节约成本近20万元。

4.4 味精废水污染负荷稳定削减全过程控制技术

4.4.1 技术简介

味精废水污染负荷稳定削减关键技术研究，以味精为代表的发酵废水具有污染物浓度高、易生化降解等特点，多采用絮凝沉淀、厌氧生化和好氧生化相结合的处理工艺，出水COD和氨氮是实现废水稳定达标的关键。针对味精废水，开展深度脱氮技术研究，通过技术集成验证和工程示范，实现味精废水污染负荷稳定削减，保障流域控制断面水质分阶段达标。主要研究内容包括强化预处理技术研究和载体复配SBR强化生物脱氮技术研究。

各典型工序水污染控制技术原理如下。

（1）载体复配SBR强化生物脱氮技术

研发单位：郑州大学等

数据来源：沙颍河上中游重污染行业污染治理关键技术研究与示范（2009ZX07210-002）

该技术是在序批式活性污泥反应器（SBR）中引入生物膜的一种新型复合生物膜反应器，兼具活性污泥法和生物膜法的优点。通过在SBR反应器内装填不同的填料，使微生物在填料上附着、固定并形成生物膜，生物膜的存在一方面增加了反应器内生物数量和生物种类，能过量地吸附并存储碳、氮有机物，对有机物的降解较彻底，并能保证硝化菌等世代时间较长的微生物生存，有利于硝化反应；另一方面，生物膜从表面到内部存在溶解氧浓度的梯度现象，相应有好氧、缺氧和兼氧区状态，又为直接脱氮提供了良好的环境。好氧反应主要发生在填料表面的微生物膜层和兼氧性生物膜层，而厌氧反硝化主要发生在内部生物膜层。SBR工艺具有实现同步硝化反硝化的条件，污泥产率低，不易产生污泥膨胀，抗冲击负荷能力强，非常适合味精工业废水的处理。

该技术使曝气池中同时存在悬浮相和附着相生物，充分发挥两相微生物的优点，扬长避短，有利于解决现阶段轻工废水脱氮效果不佳的问题。该技术只是将悬浮填料投入SBR，并在出水端设隔离网/筛网以防止填料流失，就可形成序批式生物膜反应器，因此操作非常简单、方便，改造成本很低。

（2）高效脱氮微生物培养技术

研发单位：郑州大学等

数据来源：沙颍河上中游重污染行业污染治理关键技术研究与示范（2009ZX07210-002）

从运行良好的反应器中（随季节变化）分离筛选优势硝化菌种，固定化并富集，进行菌体形态观察、菌落特征和生理生化特性的考察，确定其在味精废水处理中的地位；通过对菌株的遗传改良，获得高效硝化细菌功能菌株（群），通过实验考察培养基组分（包括氮源、碳源、微量元素）及培养条件（包括溶解氧、pH值、温度）对优势菌种的生长和硝化能力的影响，确定最佳脱氮条件。高效脱氮微生物与载体复配SBR相耦合，以此达到味精废水的常年稳态高效脱氮处理效果。

4.4.2 技术评价及适用范围

载体复配SBR强化生物脱氮技术操作简单、运行费用低。与其他好氧处理系统相比，本技术主要是在原有的SBR池中增加挂膜设备并与高效脱氮菌相耦合处理味精生产废水，节省了厂区有限的空间和施工费用。载体复配SBR采用有机材料作为填料，创新了填料投加方式，迅速挂膜，且系统回收率高、能耗低。经过本技术处理后出水水质满足《味精工业污染物排放标准》和发酵冷却水水质要求，回用于生产当中，回用水量为1000 m^3/d，缓解企业用水压力，从节约排污费用（79.2万元/a）和再生水回用（39.6万元/a）来看，直接经济效益为118.8万元/a，具有很好的经济效益和社会效益。

适用于味精生产等高含氨氮有机发酵废水。载体复配SBR强化生物脱氮技术的技术就绪度：TRL-8；高效脱氮微生物培养技术的技术就绪度：TRL-6。

4.4.3 主要技术创新点

本技术的先进性在于提供一种有效避免曝气气泡对填料表面生物膜的剪切作用，减小水流对生物膜的冲刷作用的装置，从而利于活性微生物附着、生长和自然更新。经过一段时间的挂膜反应，填料表面会附着一层生物膜。生物膜内有极其丰富的生物相，延长了微生物食物链，提高了生物量，同时由于生物膜的存在可以使世代时间较长、比增值速度很小的硝化菌得到固着繁殖，继而强化生物膜的硝化能力。

载体复配SBR强化生物脱氮处理工艺由于对味精废水中污染物有较好的处理效率，对COD、NH_3—N、TN、SS都有较高的去除率及较强的抗冲击负荷能力，大幅缩短原处理工艺的停留时间，从而使整个废水处理工艺得到优化。载体复配SBR与高效脱氮菌相耦合后，不仅有效提高了生物系统的污水处理效率，同时解决了寒冷季节处理效果差的情况，确保使出水水质满足《味精工业污染物排放标准》，并且在一定程度上降低了污水处理能耗，提高了污水处理系统运行的稳定性和可操作性，在实践过程中也充分验证了本工艺具有广阔的应用前景。本技术的先进性在于提供一种有效避免曝气气泡对填料表面生物膜的剪切作用，减小水流对生物膜的冲刷作用，从而利于活性微生物附着、生长和自然更新。经过一段时间的挂膜反应，填料表面会附着一层生物膜。生物膜内有极其丰富的生物相，延长了微生物食物链，提高了生物量，同时由于生物膜的存在可以使世代时间较长、比增值速度很小的硝化菌得到固着繁殖，继而强化生物膜的硝化能力。

4.4.4 典型案例

示范企业：河南莲花味精股份有限公司
关键技术：复配SBR强化生物脱氮技术
研发单位：郑州大学等
数据来源：沙颍河上中游重污染行业污染治理关键技术研究与示范（2009ZX07210-002）
2000 m^3/d味精废水污染负荷稳定削减关键技术与示范工程

复配 SBR 强化生物脱氮技术在示范工程中运行建成后，实际出水效果 COD 68.6 mg/L、NH_3—N 7.0 mg/L，废水回用率提高到 50% 以上，即废水回用量为 1000 m^3/d，COD 削减量约 72.6 t/a，NH_3—N 削减量约为 10.9 t/a，COD 和 NH_3—N 的削减率分别为 75.9% 和 82.6%，每年节水约 33 m^3。从社会效益来看，控制了污染源，减少排放污染物的排放，并将有效改善渭河河流水质。

载体复配 SBR 强化生物脱氮技术操作简单、运行费用低。与其他好氧处理系统相比，本技术主要是在原有的 SBR 池中增加挂膜设备，并与高效脱氮菌相耦合处理味精生产废水，节省了厂区的空间和施工费用。载体复配 SBR 采用有机材料作为填料，创新了填料投加方式，迅速挂膜，且系统回收率高、能耗低。经过本技术处理后出水水质满足《味精工业污染物排放标准》和发酵冷却水水质要求，回用于生产当中，回用水量为 1000 m^3/d，缓解企业用水压力，从节约排污费用（79.2 万元/a）和再生水回用（39.6 万元/a）来看，直接经济效益为 118.8 万元/a，具有很好的经济效益和社会效益。载体复配 SBR 脱化脱氮中试装置如图 4-9 所示。

图 4-9　载体复配 SBR 强化脱氮中试装置

4.5　酿造（发酵）行业全过程控制技术

4.5.1　技术简介

酿造（发酵）行业水污染控制中，各典型工序水污染控制技术原理如下。

(1) "水解酸化 + 改良 UASB" 工艺

研发单位：郑州大学等

数据来源：沙颍河上中游重污染行业污染治理关键技术研究与示范（2009ZX07210-002）

前置水解酸化均质均量技术与改良 UASB 结合，水解酸化可去除部分 SS 并降低改良 UASB 进水负荷，改良 UASB 通过增设内循环系统利用回流使反应器的升流速度恒定，而恒定的升流速度可以显著提升泥水混合效率，提升改良 UASB 的负荷，改善厌氧生物处理效果；可缓冲冲击负荷的不利影响；降低三相分离器的泥水分离压力。填料 CASS 通过在填料表面形成生物膜增加反应器内生物质量和种类，且形成的生物膜表面到内部存在溶解氧梯度，达到深度脱氮的目的。深度处理"混凝沉淀—过滤—消毒"出水可满足循环冷却水补充用水要求，达到酒精废水回用的目的。整体"前置水解酸化 + 改良 UASB + 填料 CASS + 混凝沉淀 - 过滤 + 消毒"集成工艺属新型工艺，在酒精废水治理中也是一种新型的治理方法，酒精废水减排和水循环利用工艺如图 4 - 10 所示。

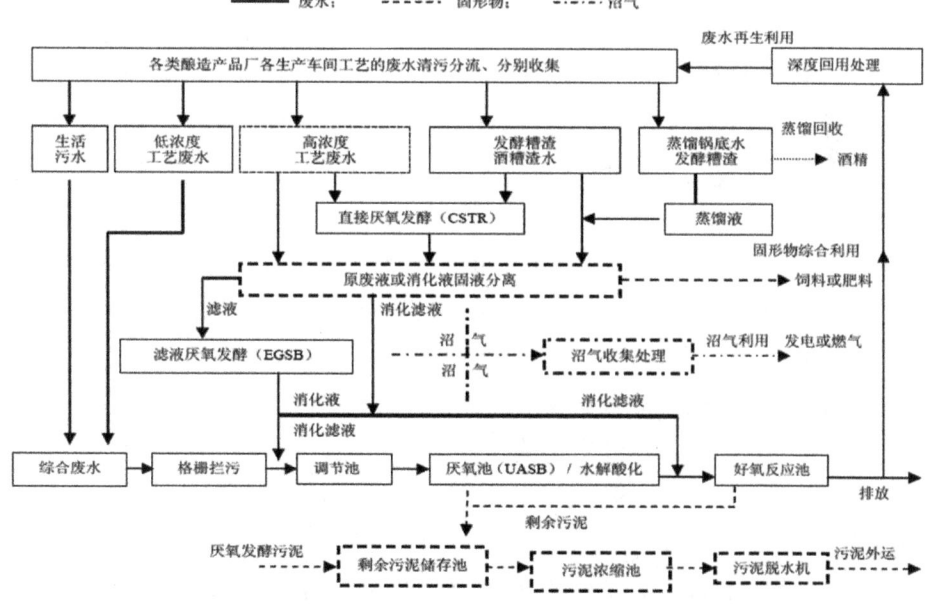

图 4 - 10　酒精废水减排和水循环利用工艺

(2)"低温蒸煮 + 双酶糖化 + 高浓发酵 + 差压蒸馏 + 酒糟生产饲料蛋白"技术

研发单位：中国科学技术大学

数据来源：酿造行业污染减排关键技术与支撑体系研究与示范（2009ZX07210-003-03）

主要针对酒精生产工艺、CO_2 生产和冷却水，通过使用先进的生产技术和设备，优化过程控制，达到提高原辅材料利用率、节约能源、回收资源、减少废水排放、降低废弃物量等目标，主要采用的技术有低温蒸煮、双酶糖化、高浓发酵、差压蒸馏、酒糟生产饲料蛋白，以实现"一水多用、分级使用、循环利用"的目标。主要工作有：①蒸煮工序（低温蒸煮）。传统酒精生产蒸煮温度在120℃以上热能耗较大，技改后采用低温蒸煮工艺，采用85℃的蒸煮温度，由于玉米和薯片淀粉在70℃开始糊化，同时这个温度也高于巴氏灭菌温度，对微生物起到杀灭作用，也能保证发酵顺利进行。优点是节能和淀粉颗粒容易分离、减少滤液污染。②糖化工序（双酶糖化）。采用性能及质量优异的耐高温 α-淀粉酶和糖化酶，糖化时间短，糖化液纯度提高，糖化液过滤速度加快，提高了原料利用率，节约大量能源，随之也减少糖化冷却水的用量。采用双酶法工艺每生产1 t 酒精可节约冷却水12 t。③发酵工序（高温高浓酒精发酵工艺、连续发酵工艺）。采用高温酵母可以减少冷却水用量，保证高温条件下酒精发酵的顺利进行，提高淀粉出酒率，该工艺能减少蒸汽消耗量18%、水消耗量25%、酒精糟排放量25%。采用连续发酵工艺可以提高设备利用率20%以上、提高淀粉利用率93%，省去酒母工序，减少因冲洗、杀菌和酒母生产产生的COD、BOD、SS等污染。④蒸馏工序（差压蒸馏技术）。蒸馏工序的蒸汽消耗量约占生产总汽量的70%，因此，采用差压蒸馏工艺，进行蒸馏过程的微机控制，将冷凝冷却酒精蒸汽（78.3℃）的能量利用起来，加热蒸馏发酵成熟醪，提供粗馏、精馏塔所需热能。⑤酒糟生产饲料蛋白技术。将玉米糟液直接蒸发，滤渣和滤液浓缩液干燥，加工成颗粒饲料的生产工艺。生产的饲料蛋白质含量在26%以上，是饲料生产企业广泛利用的一种新型蛋白饲料原料，在畜禽及水产配合饲料中通常用来替代豆粕、鱼粉，并且可以直接饲喂反刍动物。⑥CO_2 回收技术。酒精生产过程中产生的二氧化碳主要产生于发酵过程。发酵过程中酵母将浸出物中的糖转化为酒精和二氧化碳，酒精是最终产品，二氧化碳则是废气或副产品，回收了这部分二氧化碳并使用于生产。二氧化碳的回收，在工艺和技术上比较成熟，主要过程如下：收集、洗涤、压缩、干燥、净化、液化和储存、气化。⑦酒糟离心清液循环利用技术。离心后的酒糟清液35%以上回用于拌料，大幅减少糟液处理量和废水排放量，甚至可达到零排放。该技术实行闭路或半闭路循环，是理想的处理方法和控源、减排途径。滤液回用应控制滤液占拌料水的比例、拌料水中悬浮物，酒精糟与滤液应防止杂菌感染。以年产10万t企业为例：年约减少一次用水量20万t，减少废水产生量20万t，减少COD排放500 t，减少标煤用量7500 t。⑧低浓度废水循环利用技术。对于低浓度废水可通过简单物化处理，主要去除悬浮物，之后补充到生产工艺中，循环利用以减少自来水消耗量和污水排放量。原料洗涤水和洗瓶废水采用"混凝/气浮（沉淀）"工艺或"过滤/膜分离"工艺循环利用或套用于其他生产工序；冷却水采用"混凝/过滤/膜分离（除盐）"工艺进行循环处理，加强循环利用，提高浓缩倍数，减少新鲜水补充量和废水排放量。

4.5.2 技术评价及适用范围

"水解酸化 + UASB"工艺的应用，经过科技查新，还未见有"水解酸化 + 改良 UASB 化组合"工艺在酒精废水行业的应用，在该工艺属新型工艺，填料 CASS 工艺在废水其他行业处理中应用，但鲜在酒精行业应用，混凝沉淀 - 过滤技术相比较应用广泛。

"低温蒸煮 + 双酶糖化 + 高浓发酵 + 差压蒸馏 + 酒糟生产饲料蛋白"技术与现有工艺排放废物种类相同，但数量明显减少，单位耗电、耗水、耗气量降低明显，污染物的产生及排放减少，除了排放一定量的设备及地板冲洗水外，其他的废水废物均无排放。并且操作适用于酒精酿造行业的废水的处理。"水解酸化 + UASB"工艺的技术就绪度为 TRL - 6；"低温蒸煮 + 双酶糖化 + 高浓发酵 + 差压蒸馏 + 酒糟生产饲料蛋白"技术的技术就绪度为 TRL - 8。

4.5.3 主要技术创新点

"前置水解酸化 + 改良 UASB + 填料 CASS + 混凝沉淀 - 过滤 + 消毒"工艺特点为水解酸化可以提高废水的可生化性并去除部分 SS 和有机污染物，后续改良 UASB 可以处理高浓度有机废水，填料 CASS 工艺可有效去除废水中的 COD 和 $NH_3—N$，与前面厌氧单元结合可处理高浓度有机废水，混凝沉淀 - 过滤技术已有广泛应用,其出水可满足循环冷却水补充用水要求,可以达到节约用水的目的。

4.5.4 典型案例

示范企业一：漯河天冠生物化工有限公司

关键技术："前置水解酸化 + 改良 UASB + 填料 CASS + 混凝沉淀 - 过滤 + 消毒"集成工艺

数据来源：沙颍河上中游重污染行业污染治理关键技术研究与示范（2009ZX07210 - 002）

2000 m^3/d 酒精废水污染负荷稳定削减关键技术与示范工程。"前置水解酸化 + 改良 UASB + 填料 CASS + 混凝沉淀 - 过滤 + 消毒"集成工艺在示范工程实施后，其中填料 CASS 出水 COD 51.9 ~ 83.9 mg/L，NH_3—N 0.410 ~ 0.792 mg/L，对 COD 的去除率在 97.11% ~ 98.38%，对 NH_3—N 的去除率在 95.05% ~ 97.50%，出水满足《发酵酒精和白酒工业污染物排放标准》（GB 27631—2011）直接排放标准 [ρ（COD）≤100 mg/L，NH_3—N≤10 mg/L] 要求，并可实现稳定达标排放，并优于现有企业好氧出水 ρ（COD）100 ~ 120 mg/L、ρ（NH_3—N）2 ~ 3 mg/L，示范效果良好；示范工程"混凝沉淀 - 过滤 + 消毒"深度出水 ρ（COD）在 40.3 ~ 47.8 mg/L、NH_3—N 未检出，达到工业循环冷却水补充用水回用标准（图 4 - 11）。

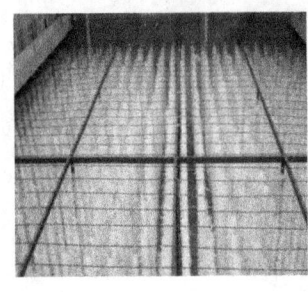  

a 水解酸化池　　b 改良 UASB 反应器　　c 填料 CASS 反应池排水

图 4 - 11 示范工程装置

示范企业二：安徽金种子酒业股份有限公司

关键技术："低温蒸煮 + 双酶糖化 + 高浓发酵 + 强制冷却 + 差压蒸馏"集成工艺

金种子酒业 4000 m^3/d 污染处理站改扩示范工程

研发单位：中国科学技术大学

数据来源：酿造行业污染减排关键技术与支撑体系研究与示范（2009ZX07210-003-03）

金种子酒业污染减排示范工程的用户方为安徽金种子集团有限公司，位于安徽阜阳市莲花路。

通过开展"低温蒸煮+双酶糖化+高浓发酵+强制冷却+差压蒸馏"及低水综合利用等清洁生产工艺研究，以削减酒精、曲酒生产污染了，降低能耗、水耗等，减少污染物排放。开展酿酒废弃物酒精糟资源化处理技术研究，变废为宝，通过研发沼气综合利用技术体系，节约能源；通过"一水多用+梯级使用+循环利用+清污分流+分级使用"技术方案，开展企业供排水系统进行改造体系研究，减少企业耗水量，综合实现降耗减排及资源回用。

该示范工程至 2010 年废水由 4000 t/d 削减至 2000 t/d，终端废水治理示范工程将排放 ρ（NH_3—N）≤10 mg/L，ρ（COD）≤150 mg/L。

随着金种子酒业废水排放量的减少，以及对 NH_3—N 浓度的控制，该排污口下游河段中 NH_3—N 浓度在"十一五"间呈现逐渐减小的趋势，且效果明显。说明该示范工程的实施对颍河区域水质的改善起到了明显的促进作用，图 4-12 和图 4-13 分别为示范工程厌氧反应器改造和示范工程热氧反应器运行。

图 4-12 示范工程厌氧反应器改造

图 4-13　示范工程好氧反应器运行

示范企业三：本溪中日龙山泉啤酒有限公司

关键技术：蒸汽回收和蒸汽凝结水回收制备锅炉用水技术、废碱液强化常压过滤回收利用技术、灭菌废水再生与循环利用技术、啤酒综合废水深度处理技术

研发单位：北京碧水源科技股份有限公司等

数据来源：辽河流域重化工业节水减排清洁生产技术集成与示范研究（2009ZA07208-002）

本溪中日龙山泉啤酒有限公司 4000 m^3/d 废水处理改建示范工程。针对啤酒行业蒸汽、用水耗量大，工艺水温相差悬殊，废水水质差异大的特点，根据物料平衡图和水平衡图，通过对糖化、糊化、煮沸工艺、发酵过滤工艺和洗瓶工艺等所有产生废水的节点进行分析审核和评估，确定节水减排的重点工艺节点。通过蒸汽回收和蒸汽凝结水回收制备锅炉用水技术、废碱液强化常压过滤回收利用技术、灭菌废水再生与循环利用技术、啤酒综合废水深度处理技术等节水减排方案的分析和技术经济评估，确定节水减排方案。

通过对示范企业的清洁生产改造和末端处理设施升级，企业单位产品耗水量由改造前的 11.6 m^3 降至改造后的 7.69 m^3，其中新生产线单位产品耗新水量降至 3.6 m^3；啤酒洗瓶废碱液经再生处理后，可回收质量分数为 0.68% 的再生碱液，每吨碱液可回收纯碱 6.5 kg。相较于重新配置质量分数为 1.5% 的新碱液，该工艺纯碱用量可减少 40%。啤酒灭菌水经处理后，可年回收再生水 9 万余 t，其水质满足《再生水回用分类标准》中设备洗涤用水的要求，可用于生产设备、车间地面的清洗。通过对企业蒸汽系统的闭路循环改造，对生产过程中蒸汽冷凝水收集率可达 90% 以上，收集的冷凝水无须重新软化可直接作为锅炉用水循环使用。

企业污水处理站采用新工艺对企业污水进行治理后,出水可达国家一级A排放标准,每年可减少COD排放量1095 t,为太子河流域的水污染治理和环境质量的改善提供有力支持,改造后的示范企业生产车间如图4-14所示。

a 薄板冷却

c CIP原位清洗接口

d 车间CIP原位清洗系统

b 碱液循环利用

e 灭菌水原位回用

图4-14 改造后的示范企业生产车间

4.6 果汁加工行业全过程控制技术

4.6.1 技术简介

"十一五"期间,国家水专项组针对目前果汁加工业存在的污染治理等问题,开发了果汁加工行业清洁生产工艺改造集成技术、酸性低碱度废水处理技术、浓缩果汁生产固体废弃物厌氧发酵技术等清洁生产关键技术。

各典型工序水污染控制技术原理如下。

1)载体复配SBR强化生物脱氮技术

针对果汁加工行业的生产工艺,分析浓缩果汁企业用水主要集中在生产和设备清洗两个方面(图4-15)。

其中,洗果、反渗透、车间其他水、树脂吸附4个工艺是主要的耗水单元,耗水量约占到整个车间耗水量的80%,是实行清洁生产措施的重点环节。

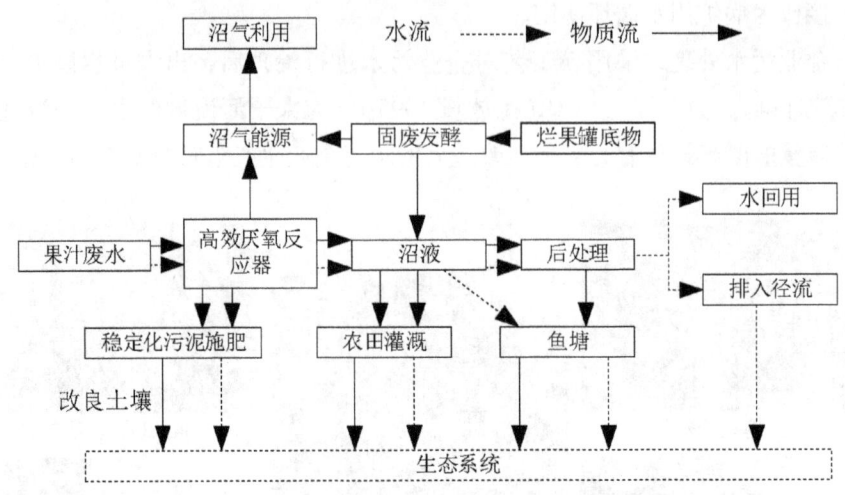

图 4-15 果汁加工行业节水降耗减污技术路线

浓缩果汁企业的废水包括生产废水、生活污水和雨水，浓缩果汁排水的主要环节是洗果、树脂漂洗和设备 CIP 清洗。洗果环节排水量占整个工艺总排水量的 40%~45%。

针对果汁企业的主要耗水单元采取洗果用水开源节流、改进清洗工艺和清洗用水循环利用、节能和减排措施。

2）酸性低碱度废水处理技术

浓缩果汁废水是典型的酸性低碱度废水，其有机物和悬浮物含量高，而且水质波动大，在设备清洗时会有大量的酸、碱和消毒剂排出，因此，一方面需要整个废水处理系统具有足够的调节能力；另一方面对作为核心处理单元的厌氧生物反应器也要求具有良好的缓冲和耐冲击能力。

在实验室采用厌氧颗粒污泥接种启动 UASB 反应器处理浓缩果汁废水，反应器完成启动用时 35 d，最终负荷为 9.5 g COD/（L·d），去除率达到 83%。为降低碱的投加量，研究出水回流的影响。发现出水回流可以保证 UASB 反应器在进水水质偏酸性、碱度较低的条件正常处理浓缩果汁废水，进而降低加碱量或者完全不需加碱。

开发体外自循环高负荷厌氧反应器，该反应器的具有如下特征：将循环管置于主反应器外部，并设置了便利的疏通装置，解决了传统内循环反应器循环管容易腐蚀、堵塞和维护不便的问题；设计了特殊的喷射布水装置，将进水管、循环管与喷射装置相连，利用进水的高速扩散，进一步强化了水和污泥间的传质,在提高效率的同时,解决了反应器启动初期混合效果差与循环管易堵塞的难题。

由于以上特殊的设计,使得该反应器与传统的 EGSB 反应器相比,可以达到更高的循环比、具有良好的缓冲功能,因此,能够更好地适应含有大量酸碱、杀菌剂等化学药品的果汁废水;反应器负荷高,中温条件下(25~40 ℃)负荷可达 20~40 kg COD/(m^3·d);占地仅为 EGSB 反应器的约 1/6,本反应器也获国家重点新产品称号。

3)浓缩果汁生产固体废弃物厌氧发酵技术

针对浓缩果汁行业固体废物产量大的问题,水专项课题组开发了果渣厌氧发酵技术,一方面充分利用固体废物中含有的能量产生可再生能源沼气;另一方面也大幅降低固体废物的处置量。在对果汁固体废物进行了厌氧消化的实验室和中试研究的基础上,提出了果汁固体废物处理的工艺流程和操作参数,并开发了一系列工业化产品,如高效厌氧发酵罐、沼气脱水罐和沼气脱硫罐等,这些产品目前均已应用到示范工程中。浓缩果汁固体废物处理的沼气工程工艺流程,如图 4-16 所示。

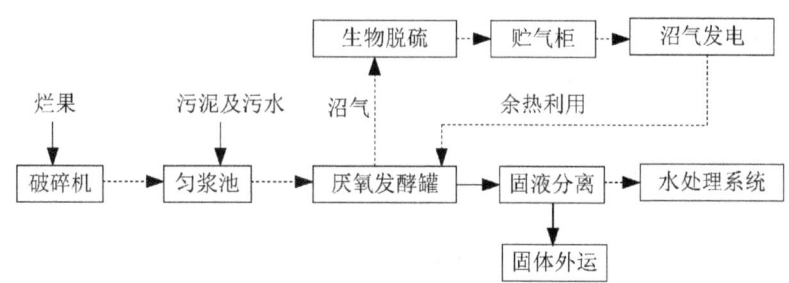

图 4-16 浓缩果汁生产固体废弃物处理的沼气工程工艺流程

"十一五"期间水专项课题组集成以上清洁生产技术,提出了浓缩果汁厂废水与固体废物的综合处理与利用方案,将其应用于示范工程中,并取得了很好的效果。

4.6.2 适用范围

该示范工程主要耗水环节节水约 60%,废水产生量降低约 45%,污泥量减少约 40%;污水处理碱投入量减少 1/3 以上,节省动力约 40%;出水 COD 质量浓度由 150 mg/L 减少至 85 mg/L 以下;废水减排量 37.5 万 t/a,COD 减排量 84.2 t/a。

照某企业烂果 10 t/d［（固体物含量 TS）按 20% 计］、脱水污泥 20 t/d（TS 按 20% 计）、混合匀浆污水 30 t/d，则总产气量 1000 m^3/d，产生沼气可用于发电和供热。

适用于果汁加工行业，果汁加工行业清洁生产工艺改造集成技术的技术就绪度：TRL-5；酸性低碱度废水处理技术的技术就绪度：TRL-6；浓缩果汁生产固体废弃物厌氧发酵的技术就绪度：TRL-6。

4.6.3 主要技术创新点

主要技术创新点包括：①生产工艺改造，利用水夹点技术，实现废水减排 16%；②高效厌氧生物技术为核心的废水处理工艺，污泥产生量减少 68%，废水处理能力提升 1 倍；③深沟型氧化沟技术，融合射流曝气、物相强化传递、紊流剪切等技术的供气式低压射流曝气器处理果汁废水处理系统中的厌氧出水。

关键技术：高效厌氧生物技术、供气式低压射流曝气器结合深沟型氧化沟技术、基于 Zigbee 技术的无线网络污水监控系统。

4.6.4 典型案例

示范企业一：陕西怡科果汁有限公司

关键技术：厌氧双循环低碱耗处理技术

陕西怡科果汁有限公司 2.5 万 t/a 浓缩果汁示范应用。突破了浓缩果汁加工全过程循环用水优化技术，对洗果、反渗透、巴氏杀菌和树脂吸附等 4 个主要生产耗水单元（占总耗水量的 80%）进行优化，采取改变洗涤工序、供水方式和生产用水充分循环利用等措施，使生产每吨浓缩果汁的用水量由 23～27 t 降低到 13 t。突破浓缩果汁加工废水厌氧双循环低碱耗处理技术，开发了内外双循环高负荷厌氧反应器，采用自主研发的回流进液装置和喷射旋流混合装置，利用高碱度的上层水稀释新进水，强化水和污泥间的传质，大幅减少碱投加量，同时解决了反应器启动初期混合效果差与循环管易堵塞的难题。

示范企业二：陕西海升果业发展股份有限公司乾县分公司

所在流域：渭河

关键技术：浓缩果汁生产固体废弃物厌氧发酵技术

陕西海升果业发展股份有限公司乾县分公司固体废物厌氧发酵示范工程。针对渭河流域浓缩果汁加工行业烂果和果渣多（2008年产生烂果、果渣80万t）、严重威胁水环境等问题，突破上流式混合液内循环发酵技术，开发了气液混合搅拌污水污泥全混式厌氧发酵罐设备，利用自吸式射流器将吸取的罐内沼气与回流的发酵液混合后射入发酵罐中心筒，引导罐内发酵液自下向上流动，形成内循环，既避免了机械搅拌的投资问题，又节约气体搅拌的能耗问题；与传统固体废弃物厌氧发酵技术相比，提高固体废物消化率与容积负荷100%、甲烷转化率20%，沼液中COD减少50%，NH_3—N减少70%，保证了消化设备持续稳定运行，解决了固体消化工艺中出现的氨积累和氨抑制问题。

5 食品行业水污染全过程控制技术展望

食品产业是涵盖食用农产品初级加工与储运保鲜、食品加工与精深制造、产品物流与质量安全控制各环节的现代制造业，是与营养科学、食品科学、现代医学及生物、信息、工程、新材料和先进制造等新技术密切关联，与国民营养健康息息相关的民生产业和基础产业，食品加工行业产业联系如图5-1所示。

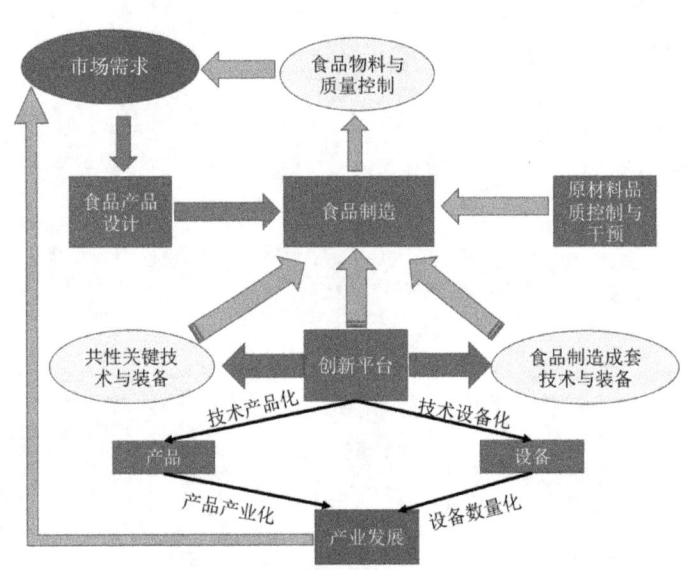

图 5-1　食品加工行业产业联系

"水体污染控制与治理"国家科技重大专项自"十一五""十二五"以来，我国食品产业科技取得了显著的成效，食品科学等基础性研究得到整体发展，食品工程化加工新技术与新装备取得重要突破，大宗食用农副产品加工转化、工业化食品综合加工和食品质量安全控制等重大共性关键技术水平明显提高，对促进食品产业高速发展，实现从农产品与食品初级加工到精深制造与高效利用的转变发挥了积极的支撑作用，但与世界先进水平相比尚存在较大差距。我国食品企业整体规模小，增长方式亟待改变；自主创新能力弱，原始创新成果少；关键技术装备落后，长期高度依赖国外；食品质量安全问题突出，成为社会热点问题；节能减排技术开发滞后，科技支撑明显不足。面对人口与食品、资源与环境等多重压力，世界食品产业科技正在向多领域、多梯度、高技术、智能化、深层次、精加工、低能耗、低排放、全利用、高效益、可持续的方向发展。食品质量安全保障已进入从农田到餐桌全产业链过程控制和全程干预技术快速发展的新阶段。食品营养、安全、方便、健康成了食品产业发展的主题。未来，必须切实加强我国食品产业基础科学与新技术研究，提高食品产业源头创新能力。大力开展食品产业重大共性技术与核心关键技术及装备开发研究，提升我国食品产业核心竞争力，支撑食品产业可持续发展，食品加工行业技术发展机遇如图 5-2 所示。

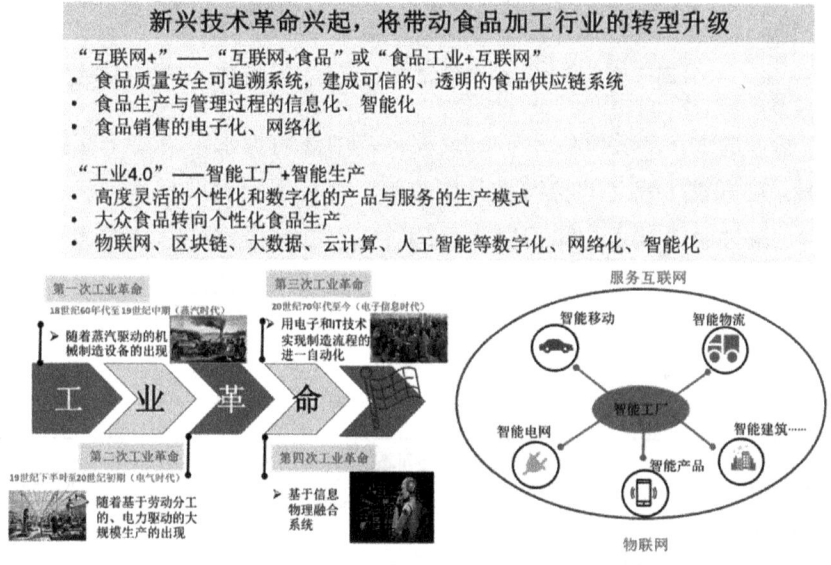

图 5-2　食品加工行业技术发展机遇

5.1　食品加工行业水污染全过程控制技术路线

根据全生命周期的食品加工行业水污染全过程控制方案和各单项关键技术的发展状况，构建出食品加工行业水污染全过程控制体系，基于生命周期的食品加工业水污染全过程控制方案和路线如图 5-3 所示。

通过"十一五""十二五""十三五" 3 个五年计划，分阶段实施食品加工行业的水污染全过程控制方案。"十一五"阶段，建立了玉米深加工、大豆

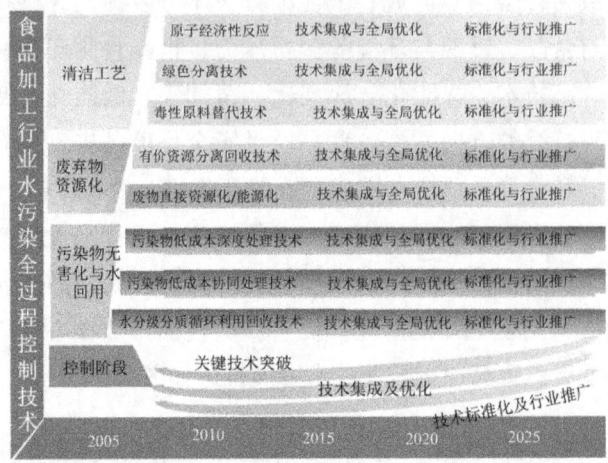

图 5-3 基于全生命周期的食品加工业水污染全过程控制方案和路线

深加工行业的水污染关键技术科研攻关,其中淀粉糖水解液离子交换脱盐替代技术、赖氨酸高效发酵与结晶分离技术、大豆蛋白提取技术、糠醛清洁生产技术、酶法脱胶技术、味精废水处理技术、酒精废水处理技术、果汁加工废水处理技术、大豆分离蛋白废水处理技术等清洁工艺已研发成熟,在部分食品加工企业实现工程应用(图 5-4 至图 5-8)。

研发需求	关键技术创新					目标体系
	2005	2010	2015	2020	2025	
清洁工艺	淀粉糖脱盐技术 赖氨酸高效发酵与结晶分离技术 柠檬酸连续错流变温色谱提纯技术					实现清洁生产,有机废弃物资源化,完成节水、减排
废弃物资源化	高氨氮废液氨回收技术 高硫酸根、高COD废液资源化技术 糠醛清洁生产技术 脱硫残液资源化利用技术					
污染物无害化与水回用	蒸发冷凝液高质化回用技术 废水分级分质利用技术 废水脱盐与"零排放"技术					
技术集成与全局优化				单元关键技术优化集成		形成成套玉米深加工清洁工艺
标准化与行业推广					关键技术与成套技术标准化及行业推广	完成产业化推广

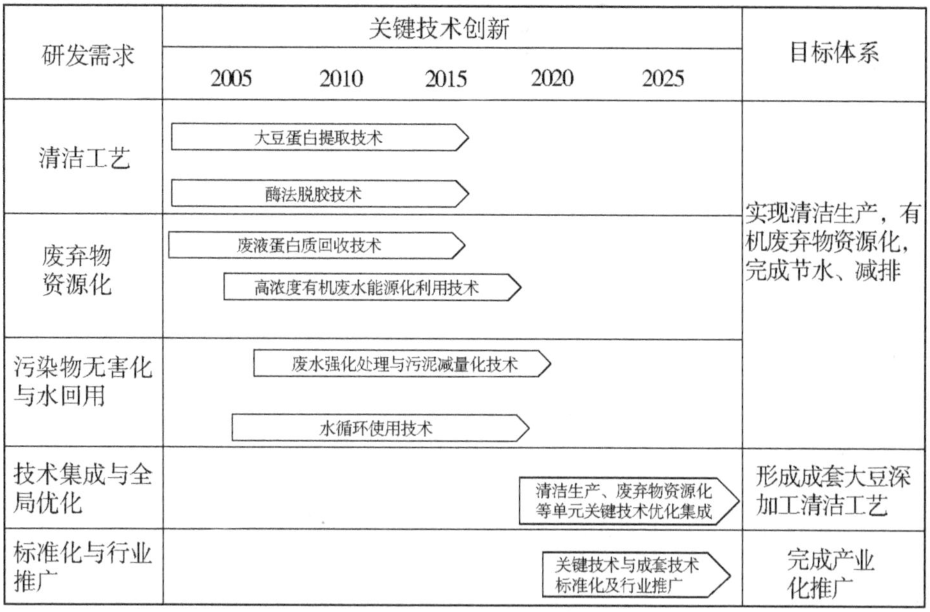

研发需求	关键技术创新 2005 2010 2015 2020 2025	目标体系
清洁工艺	大豆蛋白提取技术 酶法脱胶技术	实现清洁生产,有机废弃物资源化,完成节水、减排
废弃物资源化	废液蛋白质回收技术 高浓度有机废水能源化利用技术	
污染物无害化与水回用	废水强化处理与污泥减量化技术 水循环使用技术	
技术集成与全局优化	清洁生产、废弃物资源化等单元关键技术优化集成	形成成套大豆深加工清洁工艺
标准化与行业推广	关键技术与成套技术标准化及行业推广	完成产业化推广

图 5-5 大豆深加工行业全过程控制体系

研发需求	关键技术创新 2005 2010 2015 2020 2025	目标体系
清洁工艺	原料果类分类与质量控制技术 浓缩果汁原料回收工艺	实现源头控污,有机废液能源化,减少新鲜水消耗及废水排放量
废弃物资源化	色素、香精的回用技术 有机废液能源化技术	
污染物无害化与水回用	蒸发冷凝水回用技术 果汁加工废水处理技术	
技术集成与全局优化	清洁生产、废弃物资源化等单元关键技术优化集成	形成成套果汁加工清洁工艺
标准化与行业推广	关键技术与成套技术标准化及行业推广	完成产业化推广

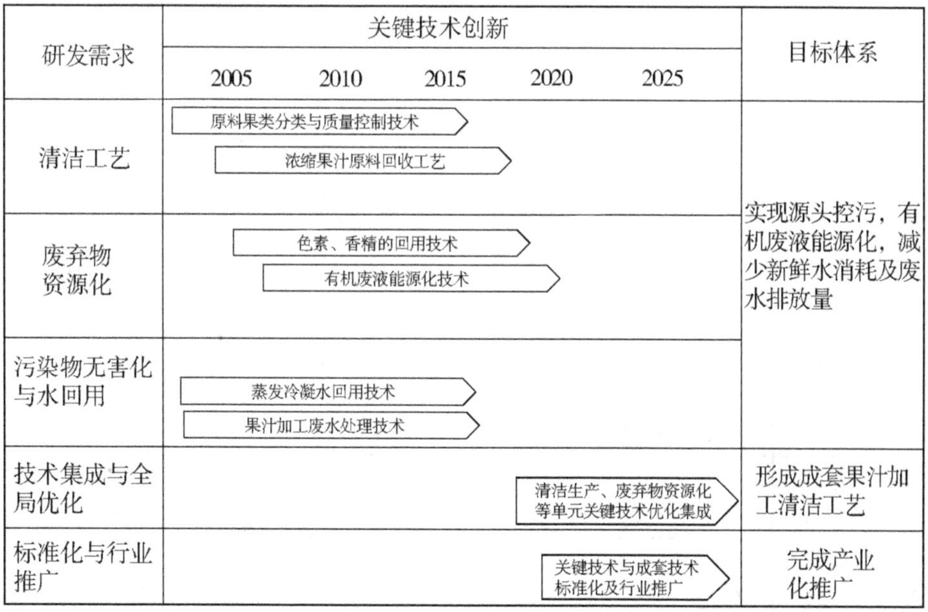

图 5-6 果汁深加工行业全过程控制体系

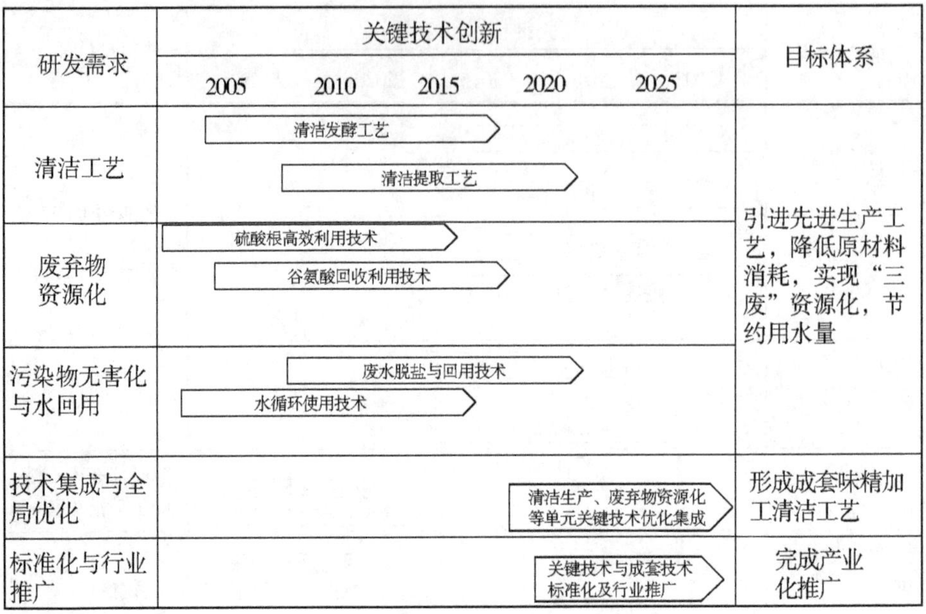

研发需求	关键技术创新					目标体系
	2005	2010	2015	2020	2025	
清洁工艺	清洁发酵工艺 清洁提取工艺					引进先进生产工艺，降低原材料消耗，实现"三废"资源化，节约用水量
废弃物资源化	硫酸根高效利用技术 谷氨酸回收利用技术					
污染物无害化与水回用	废水脱盐与回用技术 水循环使用技术					
技术集成与全局优化				清洁生产、废弃物资源化等单元关键技术优化集成		形成成套味精加工清洁工艺
标准化与行业推广				关键技术与成套技术标准化及行业推广		完成产业化推广

图 5-7 味精加工行业全过程控制体系

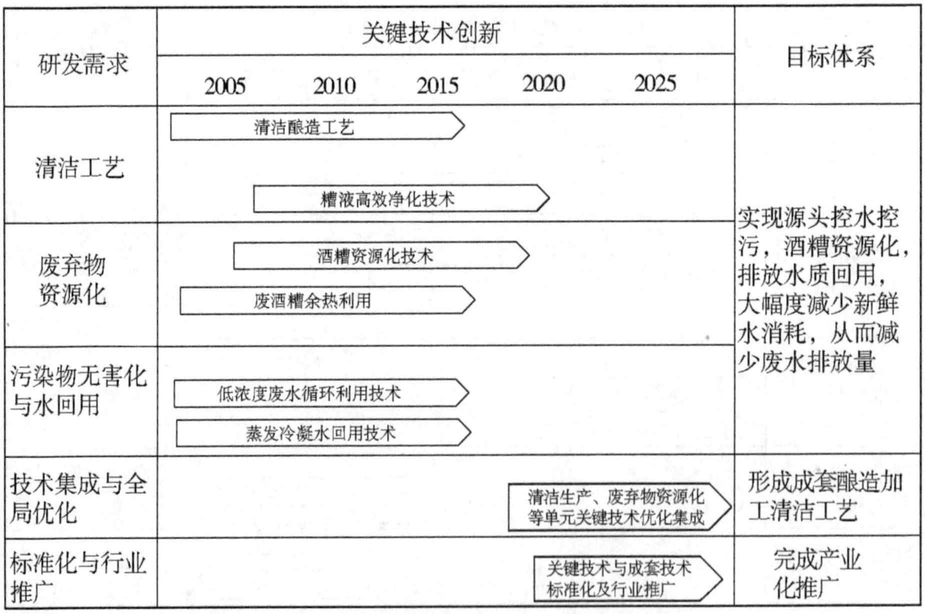

研发需求	关键技术创新					目标体系
	2005	2010	2015	2020	2025	
清洁工艺	清洁酿造工艺 糟液高效净化技术					实现源头控水控污，酒糟资源化，排放水质回用，大幅度减少新鲜水消耗，从而减少废水排放量
废弃物资源化	酒糟资源化技术 废酒糟余热利用					
污染物无害化与水回用	低浓度废水循环利用技术 蒸发冷凝水回用技术					
技术集成与全局优化				清洁生产、废弃物资源化等单元关键技术优化集成		形成成套酿造加工清洁工艺
标准化与行业推广				关键技术与成套技术标准化及行业推广		完成产业化推广

图 5-8 酿造（发酵）行业全过程控制体系

与此同时，国家也制定相关法规和指导文件，引导企业提升清洁生产水平。例如，工业和信息化部2011年发布的《食品加工行业"十二五"发展规划》，在"十二五"期间要求食品工业副产品综合利用率提高到80%以上；单位国内生产总值二氧化碳排放减少17%以上，能耗降低16%；主要污染物排放总量减少10%以上。

食品深加工行业努力提高非粮原料的占比，减少玉米等粮食原料的消耗量。积极发展高附加值新产品，加快开发拥有自主知识产权的食品行业专用酶制剂，适度发展发酵法生产小品种氨基酸（赖氨酸、谷氨酸除外）、新型酶制剂（糖化酶、淀粉酶除外）、多元醇、功能性发酵制品（功能性糖类、真菌多糖、功能性红曲、发酵法抗氧化和复合功能配料、活性肽、微生态制剂）等。推进高附加值氨基酸、有机酸、特种功能发酵制品、新型香精香料和多元醇等产品的产业化；推动食品配料及添加剂等产品生物制造工艺的改造升级，培育新型食品配料及添加剂、新型酶制剂、新型生物基材料等生物制造新产品。

继续抓好节能减排，研究生物转化途径及绿色制造工艺，改造高耗能、高耗水、污染大、效率低的落后工艺和设备，推广应用离心清液回收、糟液全糟处理等节能减排技术，大幅减少污染物的产出和排放，降低能耗和水耗，推进清洁生产和循环发展。加快淘汰落后产能，重点限制5万 t/a 以下且采用等电离交提取工艺精生产线、2000 t/a 以下的酵母加工项目和加工玉米30万 t/a 以下、总干收率在98%以下玉米淀粉湿法生产线；重点淘汰3万 t/a 以下味精生产装置，2万 t/a 以下枸橼酸生产装置，10万 t/a 以下、总干物收率97%以下的玉米淀粉湿法生产线和3万 t/a 以下酒精生产线。

针对不锈钢酸洗废液资源化、焦化废水剩余氨水强化处理、废水分质分级利用，食品加工行业已开展多年的单项或集成技术开发，目前已形成可工程化的技术，个别技术细节尚需优化。酚/油回收、HPF脱硫废液资源化、废水脱盐与回用、真空碳酸钾脱硫废液无害化正在开发当中。

"十一五""十二五"期间，食品加工行业水污染全过程控制以单项关键技术集成为主，并完善废水减量化、无害化、资源化处理，高浓度有机含盐废水脱盐与回用等关键技术，初步形成食品加工行业水污染控制的整套技术，但部分技术正在中试或完成中试，离工程化应用还有一定的距离。"十三五"期间，对前期形成的单项关键技术和成套处理技术进行标准化升级，输出成熟工艺包，面向所有食品加工企业和焦化企业，进行行业内推广工作。

展望未来,在单项关键技术开发、关键技术集成优化、成套技术标准化及行业推广的不同发展阶段中,处理成本、节水和污染物排放始终贯穿其中。这是食品加工行业水污染控制成效的三大重要指标,也是判断技术先进性、经济性、实用性的合理依据。通过3个不同阶段的技术开发和集成工程,稳步降低食品加工行业水污染控制成本、逐步提高企业节水能力、有效控制企业污染物排放总量,使食品加工企业节水减排、健康发展。

5.2 食品加工行业未来水污染全过程控制技术发展趋势

(1) 优化食品加工原料,从源头杜绝废水的产生

以玉米为原料的食品加工业中,目前中国绝大多数玉米淀粉来源仍以普通马齿型玉米为主,无法有效满足下游客户对产品的个性化需求,目前的生产技术和工艺,无法实现梯级综合利用,将原辅料转化为多种产品,提高原辅料的综合转化率,无法真正实现"零排放"。为此关注不同品种玉米和加工工艺对所生产的玉米淀粉品质、下游应用的影响,从种子和种植出发,配套针对不同品种玉米的订单种植农业、产品智能化柔性生产和切换加工将是下一阶段行业转型升级最迫切的方向之一,即通过原料品质控制和工艺调整,生产品质稳定、符合目标客户需求的玉米淀粉及其衍生化产品。

(2) 优化梯级综合利用,从源头较少废水的产生

农产品中存在大量的纤维素等难以生物转化的物质,是食品工业的主要污染来源。进一步加大对纤维素等非淀粉多糖的研究和产业化利用,以玉米秸秆为代表的农业废弃物富含大量的纤维素和半纤维素等非淀粉多糖,该资源目前尚未实现充分利用,直接焚烧造成了严重的环境污染,实现以玉米秸秆为代表的农业废弃物资源利用,不仅为行业提供了新的原料选择,还可解决目前因相关废弃物焚烧引发的环境问题。

(3) 关注合成生物学和生物制造等前沿学科的进步,实现产业链条延伸

通过合成生物学技术以非植物种植的方式合成淀粉等多糖的新概念已被提出,多条新型的人工二氧化碳固定通路目前已构建起来,未来生物制造技术的进步将会颠覆行业以玉米等植物为原料的现状。

技术方向:新型生物饲料技术突破淀粉和淀粉糖生产的副产物"发酵难、

抗营养因子复杂、不易加工处理"等技术瓶颈,建立不同副产物营养及菌株功能数据库,开发"原料+菌"理性配伍集成技术,不仅为产业提供新型饲料,还可以提高预消化率,降低养殖成本,保护生态环境。①原料决定营养属性:利用高效液相、ELTSA试剂盒、单胃动物仿生消化系统等多种检测方法多维度评估原料发酵营养属性,并建立复配模型,实现智能配伍。检测不同地区、不同工厂、不同批次的原料,构建原料营养数据库,收集样品数据,涵盖常规营养、能量、糖、酸、毒素等深度挖掘不同原料的属性,为玉米加工副产物价值提升提供理论数据。②菌株决定功能属性:针对不同原料开发不同菌株配方技术,提升发酵效率,强化应用效果。综合酶活性、抑菌功效、脱毒特性、菌株协同等30多个维度,构建饲用菌株功能数据库,涵盖饲用菌种,开发菌株及原料组合研究,为功能性配伍。基于机器人技术实现自动检测和智能筛选,开发新型益生菌选育技术,产品生产达到综合性、低投入、高产出,对推动实现从减抗到无抗养殖具有重大意义。③替抗饲料配方开发:采用ARTP诱变、液滴微流控等技术对靶向菌株进行突变及适应性进化。开发生物饲料配方,提高发酵效率,增加有益代谢产物,助力产品品质提升。

(4) 关注新技术、新装备和新工艺的开发

食品加工中以新型酶制剂、微生物制剂、新的高效和节能装置在淀粉与淀粉糖技术中的应用。

技术方向1:生物浸泡促进玉米淀粉绿色加工

传统浸泡工艺时间长、效率低、SO_2用量高;建立新型生物浸泡工艺,在浸泡过程中添加多种不同功能的复合菌,产生较高浓度的乳酸、纤维素酶和蛋白酶等多种酶系,菌酶协同,促进淀粉与蛋白质分离,减少SO_2使用量和浸泡时间。

技术方向2:酶促分离促进玉米淀粉增效降耗

常规机械分离效率上存在"天花板",分离后的麸皮和胚芽上仍残留10%~30%的淀粉,导致水分脱除困难;玉米酶法湿磨分离新技术,突破机械分离极限,实现玉米各组分高效分离,淀粉总收率提高1.5%~1.8%,蛋白总收率提高2.7%~3.5%;同时麸质和麦芽中纤维水分含量有效降低8%~10%,显著降低产品干燥的蒸汽消耗。

技术方向3:高浓度液糖化技术实现大幅节能

通过新型酶制剂开发,酶制剂的复配及工艺开发与升级,解决了高浓度液化过程黏度大、糖化副产物高等瓶颈问题,将淀粉乳初始浓度提高至40%

以上，节省蒸汽消耗7%以上。①降低液化过程黏度：开发复合酶系高浓度液化工艺，增加预液化工序，解决高浓度液化过程黏度大的重大技术问题。②减少糖化副反应，提高产品质量：常规商品糖化酶含转苷酶活性，会产生和富集麦芽糖或异麦芽糖等二糖，在底物浓度较高时，上述副反应相应升高。通过筛选获得具有低转苷酶的糖化酶生产菌株，减少高浓度条件下的副反应。

（5）基于大数据的食品工业智能制造，数据技术驱动系统优化

在"数字中国建设"和"中国制造2025"的重大国家战略下，伴随着物联网、区块链、大数据、云计算等数字化和信息化技术蓬勃发展，以大数据为驱动，不仅使系统自优化的智能化生产成为一种可能，同时将推动打造一个可信、透明的食品链系统，实现产品全过程可追溯和向消费者的全透明。

技术方向：DSC/CIMS 系统、夹点理论和 ASPEN 模拟计算应用、BI 系统的建立/BP 神经网络应用等在食品加工中进一步落地实施。例如，①热熔是能量衡算和设备节能改造所需的基础物性参数，应用 BP 神经网络预测热熔，为能量衡算和设备节能改造提供基础物性参数。首次建立 BP 神经网络预测模型，玉米淀粉热熔预测误差小于2%，显示了优越的热熔预测性能；结合各产品中水分、碳水化合物、蛋白质和脂肪的含量对玉米淀粉加工过程其他各产品热熔进行了预测。②运用夹点技术优化换热网络，实现能量高效利用：首先采用夹点和计算机模拟技术对淀粉及淀粉糖生产工艺用能单元换热网络进行能量集成与模拟；甄别出影响系统能量利用效率的物流和关键单元；从系统层面对换热网络进行重构与优化，实现了淀粉及淀粉糖制造过程的能量高效利用。

基于淀粉和淀粉糖工厂实际生产中的2300余种参数，采集并使用数百万的历史数据点，运用"大数据+人工智能"方法，建立单元模型和工厂模型，收率和能耗等关键指标预测结果误差<3%。

基于模型实现工厂"数字孪生"，保障装置操作实优化、生产过程动态分析等功能，优化后的工厂进一步反馈和丰富数据资源，实现大数据驱动生产系统迭代优化，使综合效率不断提高。通过引入市场需求、产品价格等非生产数据，建立资源信息共享平台，可实现全供应链优化模型和区域调度模型，引领产业发生革命性技术升级和管理变革。基于机器人技术实现自动检测和智能筛选，实现生产全过程的控制与分析，优化生产工艺提高产品品质，同时减少传统生产过程中的跑冒滴漏等现象，从而杜绝废水的产生。

(6) 完善传统食品废水的处理技术，开发仿生水污染控制手段

现有的物化-生化工艺、一级强化化学处理技术，水解-好氧工艺，曝气生物滤池、高、中负荷的好氧工艺和厌氧-好氧处理技术等工艺都是有希望的新工艺，但还需进一步完善。同时，应着重考虑降低造价的技术路线，如采用了水解-好氧生物处理新工艺路线、曝气沉淀一体化活性污泥工艺，提高度自动化，节省了大量的人力和运转费用。

仿生水污染控制手段之一：微生物集群效应实现高效治污。传统的污水处理工艺无法充分发挥生物催化剂的潜能；仿生胃肠道微生物：细胞高生物相容性的环境，微生物通过在肠道内表面聚集产生集群效应，具有极其高效的代谢和抗逆能力；基于仿生学设计新型催化体系：连续化、高效化和绿色化—胞外聚合基质（EPS）。基于微生物集群效应的催化体系应用：新型废水处理工艺。新型环保体系的开发，引领了污水生物处理方面的行业革命，减少行业环保的二次污染，有利于实现环境友好型企业，应用于衡水工厂淀粉糖和广西酒精的废水处理中。①一体化厌氧处理装置：在第二代厌氧反应器-升流式厌氧污泥床 UASB 的基础上，改进三相分离技术、复合微生物定向锚定技术，开发复合型的高效反应器（UBF）。②MBBR 好氧处理：根据仿生学原理，利用细胞聚集效应。开发新型的仿生催化方式和技术，研究各种微生物的新型锚定剂，刺激微生物成膜基因的表达，促使其在吸附介质表面黏附。③生物脱氮与除磷：通过使用高通量筛选菌技术筛选菌种，纯种培育，积累了多种耐盐度高的脱氮除磷菌种。再经过定向复合的技术，并研究了微生物与载体的结合和微生物培育的特殊添加剂，开发出特种高效脱氮除磷菌剂。

(7) 基于全生命周期、多尺度理论，统筹水、固体废物、大气污染全过程控制

基于全生命周期评价（LCA）方法进行节水—废水处理—中水回用全面—综合、客观的统筹和设计，分析比较主要影响因素，构建绿色产业链，完成食品加工产品基于 LCA 的水统筹，从源头预防、过程管控到末端治理，采取先进的生产工艺和污染控制技术措施，并加强过程管控，以最低的消耗和最小的排放完成食品加工产品生产。推进现有食品加工企业和园区开展以节水为重点内容的绿色高质量转型升级和循环化改造，加快节水及水循环利用设施建设，促进企业间串联用水、分质用水、一水多用和循环利用。新建企业和园区要在规划布局时，统筹供排水、水处理及循环利用设施建设，推动企业间的用水系统集成优化。随着我国经济社会步入增速下降和环境承载力

达到或接近上限的新常态，食品加工行业要健康发展，就必须积极适应环境保护新常态，控制"三污一废"，实现经济"绿化"。从严控制 SO_2、NO_x、颗粒物、VOCs、二噁英等大气污染物，促进温室气体减排，打赢"蓝天保卫战"；优化资源配置，完善梯级利用，削减排污节点，淘汰落后设备，实现"节水-减排-控污"的衔接融合，推进厂区工业废水"近零排放"，打好"碧水保卫战"；激励技术创新与产业升级，促进固体废物从源头减量，提高钢渣、水渣、含铁尘泥、废旧耐材等固体废物的回收利用率，实现"固废不出厂"与"变废为宝"，护卫"绿水青山"；重点整治重金属与有机物复合污染突出区域，强化土壤污染风险管控，研究场地土壤污染物累积与跨介质的源汇动态平衡机制，健全评估与预警方法，制定技术评价标准体系，扎实推进"净土保卫战"。协同控制气-水-固-土壤跨介质污染，研究污染物跨介质环境行为及其区域环境过程控制技术，创建区域场地跨介质污染物累积模型，建立区域场地污染物跨介质多源清单的制定方法和场地跨介质污染成因、源解析理论与方法。

(8) 供水—用水—废水处理—水循环利用统筹，提高综合处理效益

针对食品加工生产各工序单元供水、用水特点，以及食品加工行业废水污染源解析，科学统筹供水—用水—废水处理—水循环利用，重点建立以水分质分级利用与有毒污染物深度处理为核心的食品加工水污染全过程防控发展战略，建立节水型食品加工行业。进一步加强食品加工行业绿色供水、废水废液强化处理、水分质分级与循环利用和全局优化回用，坚持资源利用效率优先和循环利用"3R"（减量化、再利用、再循环）原则，减小水消耗和有害废水排放，提升食品加工行业水循环利用。目前，食品加工企业常用的废水处理方法大多为一级或是多级治污，然后实现达标排放，这样处理不仅浪费废水中的有价资源，而且污水处理费用高，同时由于污染物迁移转化，易造成二次污染；因此，先从废水中回收有价资源，然后将处理后的水资源回用将成为今后的发展趋势。"十二五"和"十三五"期间，围绕"减量化、无害化、资源化"的基本原则，我国食品加工行业废水处理已取得了阶段性进展和成果，实现了减量化和部分无害化，处理处置技术体系和政策标准体系初具雏形，但资源化也远滞后于当前的科技发展水平。从以"处理处置"为目标转变为以"资源化利用"为导向，走"绿色、低碳、循环"发展道路，将是解决废水污染问题、缓解我国资源短缺的重要突破口。观念转变、科技创新是开创工业废水，特别是食品加工行业废水资源化利用新局面的核心。

5.3 小结

"十一五"至"十三五"期间，在对食品加工全流程清洁生产审核的基础上，从清洁生产工艺、废弃物资源化、污染物无害化与资源化等角度，针对各行业的废水治理及清洁生产开展了多项关键技术开发，完成多项技术的中试实验及示范工程的建立。推动了食品加工行业的环保技术发展，对松花江、辽河、淮河、渭河等流域的重点点源污染控制做出重要贡献。

例如，在玉米深加工行业取得了淀粉糖水解及赖氨酸结晶核心技术突破，并在长春大成新资源集团有限公司建立了"年产10万吨淀粉糖电渗析脱盐和年产2万吨赖氨酸直接结晶法提纯及年减排45万吨污水示范工程项目"。在糠醛加工行业开发了废水处理零排放工艺及生石灰中和糠醛废水后蒸发除去水，浓溶液经活性炭吸附后喷雾干燥造粒，制备环保型融雪剂的生产工艺，不仅完成了"零排放"，同时还实现了废弃物资源化。

我国在"十一五"至"十三五"期间在食品行业水环境治理方面下足了功夫，水污染防治关键技术在水重大专项支持下也取得了实质性突破，而且污染末端治理向全过程控制转变的水污染治理模式已在业内逐步形成共识。但是，总结"十一五"至"十三五"成果的同时，我们仍然必须清醒认识到我国食品行业水污染彻底减排的科技支撑能力与社会需求仍然存在一定差距，必须从技术研发、市场环境和环境管理等方面入手，协同创新与共同推进，支撑行业可持续发展。

在"十一五""十二五"突破关键技术基础上，在"十三五"期间进行关键技术的集成与优化，形成一体化技术，并在"十四五"期间进行技术标准化及行业推广。加快实施绿色食品工业科技行动计划，制定更为详细的食品行业污染控制与产业发展路线，以环保产业为纽带，通过政府引导、市场导向，将食品加工业与现代农业生产、环境保护、新型城镇化等统筹规划与协同发展。加大宣传力度，使污染治理成本是企业生产成本不可缺少的组成部分的认识深入人心，鼓励建立以有机废水、废液的资源能源化利用为核心的食品行业水污染全过程防控发展战略，建立循环经济型食品行业。进一步加强食品加工行业水污染全过程治理技术集成、全局优化和行业推广研究，建立以第三方综合独立评估为基础的水专项科研成果从实验室研究到行业推广应用的无缝衔接机制与转化模式。

附录 A 关于印发水污染防治行动计划的通知

国发〔2015〕17 号

水环境保护事关人民群众切身利益，事关全面建成小康社会，事关实现中华民族伟大复兴中国梦。当前，我国一些地区水环境质量差、水生态受损重、环境隐患多等问题十分突出，影响和损害群众健康，不利于经济社会持续发展。为切实加大水污染防治力度，保障国家水安全，制定本行动计划。

总体要求：全面贯彻党的十八大和十八届二中、三中、四中全会精神，大力推进生态文明建设，以改善水环境质量为核心，按照"节水优先、空间均衡、系统治理、两手发力"原则，贯彻"安全、清洁、健康"方针，强化源头控制，水陆统筹、河海兼顾，对江河湖海实施分流域、分区域、分阶段科学治理，系统推进水污染防治、水生态保护和水资源管理。坚持政府市场协同，注重改革创新；坚持全面依法推进，实行最严格环保制度；坚持落实各方责任，严格考核问责；坚持全民参与，推动节水洁水人人有责，形成"政府统领、企业施治、市场驱动、公众参与"的水污染防治新机制，实现环境效益、经济效益与社会效益多赢，为建设"蓝天常在、青山常在、绿水常在"的美丽中国而奋斗。

工作目标：到 2020 年，全国水环境质量得到阶段性改善，污染严重水体较大幅度减少，饮用水安全保障水平持续提升，地下水超采得到严格控制，地下水污染加剧趋势得到初步遏制，近岸海域环境质量稳中趋好，京津冀、长三角、珠三角等区域水生态环境状况有所好转。到 2030 年，力争全国水环境质量总体改善，水生态系统功能初步恢复。到本世纪中叶，生态环境质量全面改善，生态系统实现良性循环。

主要指标：到 2020 年，长江、黄河、珠江、松花江、淮河、海河、辽河等七大重点流域水质优良（达到或优于Ⅲ类）比例总体达到 70% 以上，地级及以上城市建成区黑臭水体均控制在 10% 以内，地级及以上城市集中式饮用水水源水质达到或优于Ⅲ类比例总体高于 93%，全国地下水质量极差的比例控制在 15% 左右，近岸海域水质优良（一、二类）比例达到 70% 左右。京津冀区域丧失使用功能（劣于Ⅴ类）的水体断面比例下降 15 个百分点左右，长三角、珠三角区域力争消除丧失使用功能的水体。

到 2030 年，全国七大重点流域水质优良比例总体达到 75% 以上，城市建成区黑臭水体总体得到消除，城市集中式饮用水水源水质达到或优于Ⅲ类比例总体为 95% 左右。

一、全面控制污染物排放

（一）狠抓工业污染防治。取缔"十小"企业。全面排查装备水平低、环保设施差的小型工业企业。2016 年底前，按照水污染防治法律法规要求，全部取缔不符合国家产业政策的小型造纸、制革、印染、染料、炼焦、炼硫、炼砷、炼油、电镀、农药等严重污染水环境的生产项目。（环境保护部牵头，工业和信息化部、国土资源部、能源局等参与，地方各级人民政府负责落实。以下均需地方各级人民政府落实，不再列出）

专项整治十大重点行业。制定造纸、焦化、氮肥、有色金属、印染、农副食品加工、原料药制造、制革、农药、电镀等行业专项治理方案，实施清洁化改造。新建、改建、扩建上述行业建设项目实行主要污染物排放等量或减量置换。2017年底前，造纸行业力争完成纸浆无元素氯漂白改造或采取其他低污染制浆技术，食品加工企业焦炉完成干熄焦技术改造，氮肥行业尿素生产完成工艺冷凝液水解解析技术改造，印染行业实施低排水染整工艺改造，制药（抗生素、维生素）行业实施绿色酶法生产技术改造，制革行业实施铬减量化和封闭循环利用技术改造。（环境保护部牵头，工业和信息化部等参与）

集中治理工业集聚区水污染。强化经济技术开发区、高新技术产业开发区、出口加工区等工业集聚区污染治理。集聚区内工业废水必须经预处理达到集中处理要求，方可进入污水集中处理设施。新建、升级工业集聚区应同步规划、建设污水、垃圾集中处理等污染治理设施。2017年底前，工业集聚区应按规定建成污水集中处理设施，并安装自动在线监控装置，京津冀、长三角、珠三角等区域提前一年完成；逾期未完成的，一律暂停审批和核准其增加水污染物排放的建设项目，并依照有关规定撤销其园区资格。（环境保护部牵头，科技部、工业和信息化部、商务部等参与）

（二）强化城镇生活污染治理。加快城镇污水处理设施建设与改造。现有城镇污水处理设施，要因地制宜进行改造，2020年底前达到相应排放标准或再生利用要求。敏感区域（重点湖泊、重点水库、近岸海域汇水区域）城镇污水处理设施应于2017年底前全面达到一级A排放标准。建成区水体水质达不到地表水Ⅳ类标准的城市，新建城镇污水处理设施要执行一级A排放标准。按照国家新型城镇化规划要求，到2020年，全国所有县城和重点镇具备污水收集处理能力，县城、城市污水处理率分别达到85%、95%左右。京津冀、长三角、珠三角等区域提前一年完成。（住房城乡建设部牵头，发展改革委、环境保护部等参与）

全面加强配套管网建设。强化城中村、老旧城区和城乡接合部污水截流、收集。现有合流制排水系统应加快实施雨污分流改造，难以改造的，应采取截流、调蓄和治理等措施。新建污水处理设施的配套管网应同步设计、同步建设、同步投运。除干旱地区外，城镇新区建设均实行雨污分流，有条件的地区要推进初期雨水收集、处理和资源化利用。到2017年，直辖市、省会城市、计划单列市建成区污水基本实现全收集、全处理，其他地级城市建成区于2020年底前基本实现。（住房城乡建设部牵头，发展改革委、环境保护部等参与）

推进污泥处理处置。污水处理设施产生的污泥应进行稳定化、无害化和资源化处理处置，禁止处理处置不达标的污泥进入耕地。非法污泥堆放点一律予以取缔。现有污泥处理处置设施应于2017年底前基本完成达标改造，地级及以上城市污泥无害化处置率应

于2020年底前达到90%以上。（住房城乡建设部牵头，发展改革委、工业和信息化部、环境保护部、农业部等参与）

（三）推进农业农村污染防治。防治畜禽养殖污染。科学划定畜禽养殖禁养区，2017年底前，依法关闭或搬迁禁养区内的畜禽养殖场（小区）和养殖专业户，京津冀、长三角、珠三角等区域提前一年完成。现有规模化畜禽养殖场（小区）要根据污染防治需要，配套建设粪便污水贮存、处理、利用设施。散养密集区要实行畜禽粪便污水分户收集、集中处理利用。自2016年起，新建、改建、扩建规模化畜禽养殖场（小区）要实施雨污分流、粪便污水资源化利用。（农业部牵头，环境保护部参与）

控制农业面源污染。制定实施全国农业面源污染综合防治方案。推广低毒、低残留农药使用补助试点经验，开展农作物病虫害绿色防控和统防统治。实行测土配方施肥，推广精准施肥技术和机具。完善高标准农田建设、土地开发整理等标准规范，明确环保要求，新建高标准农田要达到相关环保要求。敏感区域和大中型灌区，要利用现有沟、塘、窖等，配置水生植物群落、格栅和透水坝，建设生态沟渠、污水净化塘、地表径流集蓄池等设施，净化农田排水及地表径流。到2020年，测土配方施肥技术推广覆盖率达到90%以上，化肥利用率提高到40%以上，农作物病虫害统防统治覆盖率达到40%以上；京津冀、长三角、珠三角等区域提前一年完成。（农业部牵头，发展改革委、工业和信息化部、国土资源部、环境保护部、水利部、质检总局等参与）

调整种植业结构与布局。在缺水地区试行退地减水。地下水易受污染地区要优先种植需肥需药量低、环境效益突出的农作物。地表水过度开发和地下水超采问题较严重，且农业用水比重较大的甘肃、新疆（含新疆生产建设兵团）、河北、山东、河南等五省（区），要适当减少用水量较大的农作物种植面积，改种耐旱作物和经济林；2018年底前，对3300万亩灌溉面积实施综合治理，退减水量37亿立方米以上。（农业部、水利部牵头，发展改革委、国土资源部等参与）

加快农村环境综合整治。以县级行政区域为单元，实行农村污水处理统一规划、统一建设、统一管理，有条件的地区积极推进城镇污水处理设施和服务向农村延伸。深化"以奖促治"政策，实施农村清洁工程，开展河道清淤疏浚，推进农村环境连片整治。到2020年，新增完成环境综合整治的建制村13万个。（环境保护部牵头，住房城乡建设部、水利部、农业部等参与）

（四）加强船舶港口污染控制。积极治理船舶污染。依法强制报废超过使用年限的船舶。分类分级修订船舶及其设施、设备的相关环保标准。2018年起投入使用的沿海船舶、2021年起投入使用的内河船舶执行新的标准；其他船舶于2020年底前完成改造，经改造仍不能达到要求的，限期予以淘汰。航行于我国水域的国际航线船舶，要实施压载水交换或安装压载水灭活处理系统。规范拆船行为，禁止冲滩拆解。（交通运输部牵头，工业和信息化部、环境保护部、农业部、质检总局等参与）

增强港口码头污染防治能力。编制实施全国港口、码头、装卸站污染防治方案。加快垃圾接收、转运及处理处置设施建设，提高含油污水、化学品洗舱水等接收处置能力及污染事故应急能力。位于沿海和内河的港口、码头、装卸站及船舶修造厂，分别于2017年底前和2020年底前达到建设要求。港口、码头、装卸站的经营人应制定防治船舶及其有关活动污染水环境的应急计划。（交通运输部牵头，工业和信息化部、住房城乡建设部、农业部等参与）

二、推动经济结构转型升级

（五）调整产业结构。依法淘汰落后产能。自2015年起，各地要依据部分工业行业淘汰落后生产工艺装备和产品指导目录、产业结构调整指导目录及相关行业污染物排放标准，结合水质改善要求及产业发展情况，制定并实施分年度的落后产能淘汰方案，报工业和信息化部、环境保护部备案。未完成淘汰任务的地区，暂停审批和核准其相关行业新建项目。（工业和信息化部牵头，发展改革委、环境保护部等参与）

严格环境准入。根据流域水质目标和主体功能区规划要求，明确区域环境准入条件，细化功能分区，实施差别化环境准入政策。建立水资源、水环境承载能力监测评价体系，实行承载能力监测预警，已超过承载能力的地区要实施水污染物削减方案，加快调整发展规划和产业结构。到2020年，组织完成市、县域水资源、水环境承载能力现状评价。（环境保护部牵头，住房城乡建设部、水利部、海洋局等参与）

（六）优化空间布局。合理确定发展布局、结构和规模。充分考虑水资源、水环境承载能力，以水定城、以水定地、以水定人、以水定产。重大项目原则上布局在优化开发区和重点开发区，并符合城乡规划和土地利用总体规划。鼓励发展节水高效现代农业、低耗水高新技术产业以及生态保护型旅游业，严格控制缺水地区、水污染严重地区和敏感区域高耗水、高污染行业发展，新建、改建、扩建重点行业建设项目实行主要污染物排放减量置换。七大重点流域干流沿岸，要严格控制石油加工、化学原料和化学制品制造、医药制造、化学纤维制造、有色金属冶炼、纺织印染等项目环境风险，合理布局生产装置及危险化学品仓储等设施。（发展改革委、工业和信息化部牵头，国土资源部、环境保护部、住房城乡建设部、水利部等参与）

推动污染企业退出。城市建成区内现有食品加工、有色金属、造纸、印染、原料药制造、化工等污染较重的企业应有序搬迁改造或依法关闭。（工业和信息化部牵头，环境保护部等参与）

积极保护生态空间。严格城市规划蓝线管理，城市规划区范围内应保留一定比例的水域面积。新建项目一律不得违规占用水域。严格水域岸线用途管制，土地开发利用应按照有关法律法规和技术标准要求，留足河道、湖泊和滨海地带的管理和保护范围，非法挤占的应限期退出。（国土资源部、住房城乡建设部牵头，环境保护部、水利部、海洋局等参与）

（七）推进循环发展。加强工业水循环利用。推进矿井水综合利用，煤炭矿区的补充用水、周边地区生产和生态用水应优先使用矿井水，加强洗煤废水循环利用。鼓励食品加工、纺织印染、造纸、石油石化、化工、制革等高耗水企业废水深度处理回用。（发展改

革委、工业和信息化部牵头,水利部、能源局等参与)

促进再生水利用。以缺水及水污染严重地区城市为重点,完善再生水利用设施,工业生产、城市绿化、道路清扫、车辆冲洗、建筑施工以及生态景观等用水,要优先使用再生水。推进高速公路服务区污水处理和利用。具备使用再生水条件但未充分利用的食品加工、火电、化工、制浆造纸、印染等项目,不得批准其新增取水许可。自2018年起,单体建筑面积超过2万平方米的新建公共建筑,北京市2万平方米、天津市5万平方米、河北省10万平方米以上集中新建的保障性住房,应安装建筑中水设施。积极推动其他新建住房安装建筑中水设施。到2020年,缺水城市再生水利用率达到20%以上,京津冀区域达到30%以上。(住房城乡建设部牵头,发展改革委、工业和信息化部、环境保护部、交通运输部、水利部等参与)

推动海水利用。在沿海地区电力、化工、石化等行业,推行直接利用海水作为循环冷却等工业用水。在有条件的城市,加快推进淡化海水作为生活用水补充水源。(发展改革委牵头,工业和信息化部、住房城乡建设部、水利部、海洋局等参与)

三、着力节约保护水资源

(八)控制用水总量。实施最严格水资源管理。健全取用水总量控制指标体系。加强相关规划和项目建设布局水资源论证工作,国民经济和社会发展规划以及城市总体规划的编制、重大建设项目的布局,应充分考虑当地水资源条件和防洪要求。对取用水总量已达到或超过控制指标的地区,暂停审批其建设项目新增取水许可。对纳入取水许可管理的单位和其他用水大户实行计划用水管理。新建、改建、扩建项目用水要达到行业先进水平,节水设施应与主体工程同时设计、同时施工、同时投运。建立重点监控用水单位名录。到2020年,全国用水总量控制在6700亿立方米以内。(水利部牵头,发展改革委、工业和信息化部、住房城乡建设部、农业部等参与)

严控地下水超采。在地面沉降、地裂缝、岩溶塌陷等地质灾害易发区开发利用地下水,应进行地质灾害危险性评估。严格控制开采深层承压水,地热水、矿泉水开发应严格实行取水许可和采矿许可。依法规范机井建设管理,排查登记已建机井,未经批准的和公共供水管网覆盖范围内的自备水井,一律予以关闭。编制地面沉降区、海水入侵区等区域地下水压采方案。开展华北地下水超采区综合治理,超采区内禁止工农业生产及服务业新增取用地下水。京津冀区域实施土地整治、农业开发、扶贫等农业基础设施项目,不得以配套打井为条件。2017年底前,完成地下水禁采区、限采区和地面沉降控制区范围划定工作,京津冀、长三角、珠三角等区域提前一年完成。(水利部、国土资源部牵头,发展改革委、工业和信息化部、财政部、住房城乡建设部、农业部等参与)

(九)提高用水效率。建立万元国内生产总值水耗指标等用水效率评估体系,把节水目标任务完成情况纳入地方政府政绩考核。将再生水、雨水和微咸水等非常规水源纳入水资源统一配置。到2020年,全国万元国内生产总值用水量、万元工业增加值用水量比2013年分别下降35%、30%以上。(水利部牵头,发展改革委、工业和信息化部、住房城

乡建设部等参与）

抓好工业节水。制定国家鼓励和淘汰的用水技术、工艺、产品和设备目录，完善高耗水行业取用水定额标准。开展节水诊断、水平衡测试、用水效率评估，严格用水定额管理。到2020年，电力、食品加工、纺织、造纸、石油石化、化工、食品发酵等高耗水行业达到先进定额标准。（工业和信息化部、水利部牵头，发展改革委、住房城乡建设部、质检总局等参与）

加强城镇节水。禁止生产、销售不符合节水标准的产品、设备。公共建筑必须采用节水器具，限期淘汰公共建筑中不符合节水标准的水嘴、便器水箱等生活用水器具。鼓励居民家庭选用节水器具。对使用超过50年和材质落后的供水管网进行更新改造，到2017年，全国公共供水管网漏损率控制在12%以内；到2020年，控制在10%以内。积极推行低影响开发建设模式，建设滞、渗、蓄、用、排相结合的雨水收集利用设施。新建城区硬化地面，可渗透面积要达到40%以上。到2020年，地级及以上缺水城市全部达到国家节水型城市标准要求，京津冀、长三角、珠三角等区域提前一年完成。（住房城乡建设部牵头，发展改革委、工业和信息化部、水利部、质检总局等参与）

发展农业节水。推广渠道防渗、管道输水、喷灌、微灌等节水灌溉技术，完善灌溉用水计量设施。在东北、西北、黄淮海等区域，推进规模化高效节水灌溉，推广农作物节水抗旱技术。到2020年，大型灌区、重点中型灌区续建配套和节水改造任务基本完成，全国节水灌溉工程面积达到7亿亩左右，农田灌溉水有效利用系数达到0.55以上。（水利部、农业部牵头，发展改革委、财政部等参与）

（十）科学保护水资源。完善水资源保护考核评价体系。加强水功能区监督管理，从严核定水域纳污能力。（水利部牵头，发展改革委、环境保护部等参与）

加强江河湖库水量调度管理。完善水量调度方案。采取闸坝联合调度、生态补水等措施，合理安排闸坝下泄水量和泄流时段，维持河湖基本生态用水需求，重点保障枯水期生态基流。加大水利工程建设力度，发挥好控制性水利工程在改善水质中的作用。（水利部牵头，环境保护部参与）

科学确定生态流量。在黄河、淮河等流域进行试点，分期分批确定生态流量（水位），作为流域水量调度的重要参考。（水利部牵头，环境保护部参与）

四、强化科技支撑

（十一）推广示范适用技术。加快技术成果推广应用，重点推广饮用水净化、节水、水污染治理及循环利用、城市雨水收集利用、再生水安全回用、水生态修复、畜禽养殖污染防治等适用技术。完善环保技术评价体系，加强国家环保科技成果共享平台建设，推动技术成果共享与转化。发挥企业的技术创新主体作用，推动水处理重点企业与科研院所、高等学校组建产学研技术创新战略联盟，示范推广控源减排和清洁生产先进技术。（科技部牵头，发展改革委、工业和信息化部、环境保护部、住房城乡建设部、水利部、农业部、海洋局等参与）

（十二）攻关研发前瞻技术。整合科技资源，通过相关国家科技计划（专项、基金）等，加快研发重点行业废水深度处理、生活污水低成本高标准处理、海水淡化和工业高盐废水脱盐、饮用水微量有毒污染物处理、地下水污染修复、危险化学品事故和水上溢油应急处置等技术。开展有机物和重金属等水环境基准、水污染对人体健康影响、新型污染物风险评价、水环境损害评估、高品质再生水补充饮用水水源等研究。加强水生态保护、农业面源污染防治、水环境监控预警、水处理工艺技术装备等领域的国际交流合作。（科技部牵头，发展改革委、工业和信息化部、国土资源部、环境保护部、住房城乡建设部、水利部、农业部、卫生计生委等参与）

（十三）大力发展环保产业。规范环保产业市场。对涉及环保市场准入、经营行为规范的法规、规章和规定进行全面梳理，废止妨碍形成全国统一环保市场和公平竞争的规定和做法。健全环保工程设计、建设、运营等领域招投标管理办法和技术标准。推进先进适用的节水、治污、修复技术和装备产业化发展。（发展改革委牵头，科技部、工业和信息化部、财政部、环境保护部、住房城乡建设部、水利部、海洋局等参与）

加快发展环保服务业。明确监管部门、排污企业和环保服务公司的责任和义务，完善风险分担、履约保障等机制。鼓励发展包括系统设计、设备成套、工程施工、调试运行、维护管理的环保服务总承包模式、政府和社会资本合作模式等。以污水、垃圾处理和工业园区为重点，推行环境污染第三方治理。（发展改革委、财政部牵头，科技部、工业和信息化部、环境保护部、住房城乡建设部等参与）

五、充分发挥市场机制作用

（十四）理顺价格税费。加快水价改革。县级及以上城市应于2015年底前全面实行居民阶梯水价制度，具备条件的建制镇也要积极推进。2020年底前，全面实行非居民用水超定额、超计划累进加价制度。深入推进农业水价综合改革。（发展改革委牵头，财政部、住房城乡建设部、水利部、农业部等参与）

完善收费政策。修订城镇污水处理费、排污费、水资源费征收管理办法，合理提高征收标准，做到应收尽收。城镇污水处理收费标准不应低于污水处理和污泥处理处置成本。地下水水资源费征收标准应高于地表水，超采地区地下水水资源费征收标准应高于非超采地区。（发展改革委、财政部牵头，环境保护部、住房城乡建设部、水利部等参与）

健全税收政策。依法落实环境保护、节能节水、资源综合利用等方面税收优惠政策。对国内企业为生产国家支持发展的大型环保设备，必须进口的关键零部件及原材料，免征关税。加快推进环境保护税立法、资源税税费改革等工作。研究将部分高耗能、高污染产品纳入消费税征收范围。（财政部、税务总局牵头，发展改革委、工业和信息化部、商务部、海关总署、质检总局等参与）

（十五）促进多元融资。引导社会资本投入。积极推动设立融资担保基金，推进环保设备融资租赁业务发展。推广股权、项目收益权、特许经营权、排污权等质押融资担保。采取环境绩效合同服务、授予开发经营权益等方式，鼓励社会资本加大水环境保护投入。

(人民银行、发展改革委、财政部牵头，环境保护部、住房城乡建设部、银监会、证监会、保监会等参与)

增加政府资金投入。中央财政加大对属于中央事权的水环境保护项目支持力度，合理承担部分属于中央和地方共同事权的水环境保护项目，向欠发达地区和重点地区倾斜；研究采取专项转移支付等方式，实施"以奖代补"。地方各级人民政府要重点支持污水处理、污泥处理处置、河道整治、饮用水水源保护、畜禽养殖污染防治、水生态修复、应急清污等项目和工作。对环境监管能力建设及运行费用分级予以必要保障。(财政部牵头，发展改革委、环境保护部等参与)

(十六) 建立激励机制。健全节水环保"领跑者"制度。鼓励节能减排先进企业、工业集聚区用水效率、排污强度等达到更高标准，支持开展清洁生产、节约用水和污染治理等示范。(发展改革委牵头，工业和信息化部、财政部、环境保护部、住房城乡建设部、水利部等参与)

推行绿色信贷。积极发挥政策性银行等金融机构在水环境保护中的作用，重点支持循环经济、污水处理、水资源节约、水生态环境保护、清洁及可再生能源利用等领域。严格限制环境违法企业贷款。加强环境信用体系建设，构建守信激励与失信惩戒机制，环保、银行、证券、保险等方面要加强协作联动，于2017年底前分级建立企业环境信用评价体系。鼓励涉重金属、石油化工、危险化学品运输等高环境风险行业投保环境污染责任保险。(人民银行牵头，工业和信息化部、环境保护部、水利部、银监会、证监会、保监会等参与)

实施跨界水环境补偿。探索采取横向资金补助、对口援助、产业转移等方式，建立跨界水环境补偿机制，开展补偿试点。深化排污权有偿使用和交易试点。(财政部牵头，发展改革委、环境保护部、水利部等参与)

六、严格环境执法监管

(十七) 完善法规标准。健全法律法规。加快水污染防治、海洋环境保护、排污许可、化学品环境管理等法律法规制修订步伐，研究制定环境质量目标管理、环境功能区划、节水及循环利用、饮用水水源保护、污染责任保险、水功能区监督管理、地下水管理、环境监测、生态流量保障、船舶和陆源污染防治等法律法规。各地可结合实际，研究起草地方性水污染防治法规。(法制办牵头，发展改革委、工业和信息化部、国土资源部、环境保护部、住房城乡建设部、交通运输部、水利部、农业部、卫生计生委、保监会、海洋局等参与)

完善标准体系。制修订地下水、地表水和海洋等环境质量标准，城镇污水处理、污泥处理处置、农田退水等污染物排放标准。健全重点行业水污染物特别排放限值、污染防治技术政策和清洁生产评价指标体系。各地可制定严于国家标准的地方水污染物排放标准。(环境保护部牵头，发展改革委、工业和信息化部、国土资源部、住房城乡建设部、水利部、农业部、质检总局等参与)

（十八）加大执法力度。所有排污单位必须依法实现全面达标排放。逐一排查工业企业排污情况，达标企业应采取措施确保稳定达标；对超标和超总量的企业予以"黄牌"警示，一律限制生产或停产整治；对整治仍不能达到要求且情节严重的企业予以"红牌"处罚，一律停业、关闭。自2016年起，定期公布环保"黄牌""红牌"企业名单。定期抽查排污单位达标排放情况，结果向社会公布。（环境保护部负责）

完善国家督查、省级巡查、地市检查的环境监督执法机制，强化环保、公安、监察等部门和单位协作，健全行政执法与刑事司法衔接配合机制，完善案件移送、受理、立案、通报等规定。加强对地方人民政府和有关部门环保工作的监督，研究建立国家环境监察专员制度。（环境保护部牵头，工业和信息化部、公安部、中央编办等参与）

严厉打击环境违法行为。重点打击私设暗管或利用渗井、渗坑、溶洞排放、倾倒含有毒有害污染物废水、含病原体污水，监测数据弄虚作假，不正常使用水污染物处理设施，或者未经批准拆除、闲置水污染物处理设施等环境违法行为。对造成生态损害的责任者严格落实赔偿制度。严肃查处建设项目环境影响评价领域越权审批、未批先建、边批边建、久试不验等违法违规行为。对构成犯罪的，要依法追究刑事责任。（环境保护部牵头，公安部、住房城乡建设部等参与）

（十九）提升监管水平。完善流域协作机制。健全跨部门、区域、流域、海域水环境保护议事协调机制，发挥环境保护区域督查派出机构和流域水资源保护机构作用，探索建立陆海统筹的生态系统保护修复机制。流域上下游各级政府、各部门之间要加强协调配合、定期会商，实施联合监测、联合执法、应急联动、信息共享。京津冀、长三角、珠三角等区域要于2015年底前建立水污染防治联动协作机制。建立严格监管所有污染物排放的水环境保护管理制度。（环境保护部牵头，交通运输部、水利部、农业部、海洋局等参与）

完善水环境监测网络。统一规划设置监测断面（点位）。提升饮用水水源水质全指标监测、水生生物监测、地下水环境监测、化学物质监测及环境风险防控技术支撑能力。2017年底前，京津冀、长三角、珠三角等区域、海域建成统一的水环境监测网。（环境保护部牵头，发展改革委、国土资源部、住房城乡建设部、交通运输部、水利部、农业部、海洋局等参与）

提高环境监管能力。加强环境监测、环境监察、环境应急等专业技术培训，严格落实执法、监测等人员持证上岗制度，加强基层环保执法力量，具备条件的乡镇（街道）及工业园区要配备必要的环境监管力量。各市、县应自2016年起实行环境监管网格化管理。（环境保护部负责）

七、切实加强水环境管理

（二十）强化环境质量目标管理。明确各类水体水质保护目标，逐一排查达标状况。未达到水质目标要求的地区要制定达标方案，将治污任务逐一落实到汇水范围内的排污单位，明确防治措施及达标时限，方案报上一级人民政府备案，自2016年起，定期向社会公布。对水质不达标的区域实施挂牌督办，必要时采取区域限批等措施。（环境保护部牵

头，水利部参与）

（二十一）深化污染物排放总量控制。完善污染物统计监测体系，将工业、城镇生活、农业、移动源等各类污染源纳入调查范围。选择对水环境质量有突出影响的总氮、总磷、重金属等污染物，研究纳入流域、区域污染物排放总量控制约束性指标体系。（环境保护部牵头，发展改革委、工业和信息化部、住房城乡建设部、水利部、农业部等参与）

（二十二）严格环境风险控制。防范环境风险。定期评估沿江河湖库工业企业、工业集聚区环境和健康风险，落实防控措施。评估现有化学物质环境和健康风险，2017年底前公布优先控制化学品名录，对高风险化学品生产、使用进行严格限制，并逐步淘汰替代。（环境保护部牵头，工业和信息化部、卫生计生委、安全监管总局等参与）

稳妥处置突发水环境污染事件。地方各级人民政府要制定和完善水污染事故处置应急预案，落实责任主体，明确预警预报与响应程序、应急处置及保障措施等内容，依法及时公布预警信息。（环境保护部牵头，住房城乡建设部、水利部、农业部、卫生计生委等参与）

（二十三）全面推行排污许可。依法核发排污许可证。2015年底前，完成国控重点污染源及排污权有偿使用和交易试点地区污染源排污许可证的核发工作，其他污染源于2017年底前完成。（环境保护部负责）

加强许可证管理。以改善水质、防范环境风险为目标，将污染物排放种类、浓度、总量、排放去向等纳入许可证管理范围。禁止无证排污或不按许可证规定排污。强化海上排污监管，研究建立海上污染排放许可证制度。2017年底前，完成全国排污许可证管理信息平台建设。（环境保护部牵头，海洋局参与）

八、全力保障水生态环境安全

（二十四）保障饮用水水源安全。从水源到水龙头全过程监管饮用水安全。地方各级人民政府及供水单位应定期监测、检测和评估本行政区域内饮用水水源、供水厂出水和用户水龙头水质等饮水安全状况，地级及以上城市自2016年起每季度向社会公开。自2018年起，所有县级及以上城市饮水安全状况信息都要向社会公开。（环境保护部牵头，发展改革委、财政部、住房城乡建设部、水利部、卫生计生委等参与）

强化饮用水水源环境保护。开展饮用水水源规范化建设，依法清理饮用水水源保护区内违法建筑和排污口。单一水源供水的地级及以上城市应于2020年底前基本完成备用水源或应急水源建设，有条件的地方可以适当提前。加强农村饮用水水源保护和水质检测。（环境保护部牵头，发展改革委、财政部、住房城乡建设部、水利部、卫生计生委等参与）

防治地下水污染。定期调查评估集中式地下水型饮用水水源补给区等区域环境状况。石化生产存贮销售企业和工业园区、矿山开采区、垃圾填埋场等区域应进行必要的防渗处理。加油站地下油罐应于2017年底前全部更新为双层罐或完成防渗池设置。报废矿井、钻井、取水井应实施封井回填。公布京津冀等区域内环境风险大、严重影响公众健康的地下水污染场地清单，开展修复试点。（环境保护部牵头，财政部、国土资源部、住房城乡建设部、水利部、商务部等参与）

（二十五）深化重点流域污染防治。编制实施七大重点流域水污染防治规划。研究建立流域水生态环境功能分区管理体系。对化学需氧量、氨氮、总磷、重金属及其他影响人体健康的污染物采取针对性措施，加大整治力度。汇入富营养化湖库的河流应实施总氮排放控制。到2020年，长江、珠江总体水质达到优良，松花江、黄河、淮河、辽河在轻度污染基础上进一步改善，海河污染程度得到缓解。三峡库区水质保持良好，南水北调、引滦入津等调水工程确保水质安全。太湖、巢湖、滇池富营养化水平有所好转。白洋淀、乌梁素海、呼伦湖、艾比湖等湖泊污染程度减轻。环境容量较小、生态环境脆弱，环境风险高的地区，应执行水污染物特别排放限值。各地可根据水环境质量改善需要，扩大特别排放限值实施范围。（环境保护部牵头，发展改革委、工业和信息化部、财政部、住房城乡建设部、水利部等参与）

加强良好水体保护。对江河源头及现状水质达到或优于Ⅲ类的江河湖库开展生态环境安全评估，制定实施生态环境保护方案。东江、滦河、千岛湖、南四湖等流域于2017年底前完成。浙闽片河流、西南诸河、西北诸河及跨界水体水质保持稳定。（环境保护部牵头，外交部、发展改革委、财政部、水利部、林业局等参与）

（二十六）加强近岸海域环境保护。实施近岸海域污染防治方案。重点整治黄河口、长江口、闽江口、珠江口、辽东湾、渤海湾、胶州湾、杭州湾、北部湾等河口海湾污染。沿海地级及以上城市实施总氮排放总量控制。研究建立重点海域排污总量控制制度。规范入海排污口设置，2017年底前全面清理非法或设置不合理的入海排污口。到2020年，沿海省（区、市）入海河流基本消除劣于Ⅴ类的水体。提高涉海项目准入门槛。（环境保护部、海洋局牵头，发展改革委、工业和信息化部、财政部、住房城乡建设部、交通运输部、农业部等参与）

推进生态健康养殖。在重点河湖及近岸海域划定限制养殖区。实施水产养殖池塘、近海养殖网箱标准化改造，鼓励有条件的渔业企业开展海洋离岸养殖和集约化养殖。积极推广人工配合饲料，逐步减少冰鲜杂鱼饲料使用。加强养殖投入品管理，依法规范、限制使用抗生素等化学药品，开展专项整治。到2015年，海水养殖面积控制在220万公顷左右。（农业部负责）

严格控制环境激素类化学品污染。2017年底前完成环境激素类化学品生产使用情况调查，监控评估水源地、农产品种植区及水产品集中养殖区风险，实施环境激素类化学品淘汰、限制、替代等措施。（环境保护部牵头，工业和信息化部、农业部等参与）

（二十七）整治城市黑臭水体。采取控源截污、垃圾清理、清淤疏浚、生态修复等措施，加大黑臭水体治理力度，每半年向社会公布治理情况。地级及以上城市建成区应于2015年底前完成水体排查，公布黑臭水体名称、责任人及达标期限；于2017年底前实现河面无大面积漂浮物，河岸无垃圾，无违法排污口；于2020年底前完成黑臭水体治理目标。直辖市、省会城市、计划单列市建成区要于2017年底前基本消除黑臭水体。（住房城乡建设部牵头，环境保护部、水利部、农业部等参与）

（二十八）保护水和湿地生态系统。加强河湖水生态保护，科学划定生态保护红线。禁止侵占自然湿地等水源涵养空间，已侵占的要限期予以恢复。强化水源涵养林建设与保护，开展湿地保护与修复，加大退耕还林、还草、还湿力度。加强滨河（湖）带生态建设，在河道两侧建设植被缓冲带和隔离带。加大水生野生动植物类自然保护区和水产种质资源保护区保护力度，开展珍稀濒危水生生物和重要水产种质资源的就地和迁地保护，提高水生生物多样性。2017年底前，制定实施七大重点流域水生生物多样性保护方案。（环境保护部、林业局牵头，财政部、国土资源部、住房城乡建设部、水利部、农业部等参与）

保护海洋生态。加大红树林、珊瑚礁、海草床等滨海湿地、河口和海湾典型生态系统，以及产卵场、索饵场、越冬场、洄游通道等重要渔业水域的保护力度，实施增殖放流，建设人工鱼礁。开展海洋生态补偿及赔偿等研究，实施海洋生态修复。认真执行围填海管制计划，严格围填海管理和监督，重点海湾、海洋自然保护区的核心区及缓冲区、海洋特别保护区的重点保护区及预留区、重点河口区域、重要滨海湿地区域、重要砂质岸线及沙源保护海域、特殊保护海岛及重要渔业海域禁止实施围填海，生态脆弱敏感区、自净能力差的海域严格限制围填海。严肃查处违法围填海行为，追究相关人员责任。将自然海岸线保护纳入沿海地方政府政绩考核。到2020年，全国自然岸线保有率不低于35%（不包括海岛岸线）。（环境保护部、海洋局牵头，发展改革委、财政部、农业部、林业局等参与）

九、明确和落实各方责任

（二十九）强化地方政府水环境保护责任。各级地方人民政府是实施本行动计划的主体，要于2015年底前分别制定并公布水污染防治工作方案，逐年确定分流域、分区域、分行业的重点任务和年度目标。要不断完善政策措施，加大资金投入，统筹城乡水污染治理，强化监管，确保各项任务全面完成。各省（区、市）工作方案报国务院备案。（环境保护部牵头，发展改革委、财政部、住房城乡建设部、水利部等参与）

（三十）加强部门协调联动。建立全国水污染防治工作协作机制，定期研究解决重大问题。各有关部门要认真按照职责分工，切实做好水污染防治相关工作。环境保护部要加强统一指导、协调和监督，工作进展及时向国务院报告。（环境保护部牵头，发展改革委、科技部、工业和信息化部、财政部、住房城乡建设部、水利部、农业部、海洋局等参与）

（三十一）落实排污单位主体责任。各类排污单位要严格执行环保法律法规和制度，加强污染治理设施建设和运行管理，开展自行监测，落实治污减排、环境风险防范等责任。中央企业和国有企业要带头落实，工业集聚区内的企业要探索建立环保自律机制。（环境保护部牵头，国资委参与）

（三十二）严格目标任务考核。国务院与各省（区、市）人民政府签订水污染防治目标责任书，分解落实目标任务，切实落实"一岗双责"。每年分流域、分区域、分海域对行动计划实施情况进行考核，考核结果向社会公布，并作为对领导班子和领导干部综合考核评价的重要依据。（环境保护部牵头，中央组织部参与）

将考核结果作为水污染防治相关资金分配的参考依据。（财政部、发展改革委牵头，

环境保护部参与）

对未通过年度考核的，要约谈省级人民政府及其相关部门有关负责人，提出整改意见，予以督促；对有关地区和企业实施建设项目环评限批。对因工作不力、履职缺位等导致未能有效应对水环境污染事件的，以及干预、伪造数据和没有完成年度目标任务的，要依法依纪追究有关单位和人员责任。对不顾生态环境盲目决策，导致水环境质量恶化，造成严重后果的领导干部，要记录在案，视情节轻重，给予组织处理或党纪政纪处分，已经离任的也要终身追究责任。（环境保护部牵头，监察部参与）

十、强化公众参与和社会监督

（三十三）依法公开环境信息。综合考虑水环境质量及达标情况等因素，国家每年公布最差、最好的10个城市名单和各省（区、市）水环境状况。对水环境状况差的城市，经整改后仍达不到要求的，取消其环境保护模范城市、生态文明建设示范区、节水型城市、园林城市、卫生城市等荣誉称号，并向社会公告。（环境保护部牵头，发展改革委、住房城乡建设部、水利部、卫生计生委、海洋局等参与）

各省（区、市）人民政府要定期公布本行政区域内各地级市（州、盟）水环境质量状况。国家确定的重点排污单位应依法向社会公开其产生的主要污染物名称、排放方式、排放浓度和总量、超标排放情况，以及污染防治设施的建设和运行情况，主动接受监督。研究发布工业集聚区环境友好指数、重点行业污染物排放强度、城市环境友好指数等信息。（环境保护部牵头，发展改革委、工业和信息化部等参与）

（三十四）加强社会监督。为公众、社会组织提供水污染防治法规培训和咨询，邀请其全程参与重要环保执法行动和重大水污染事件调查。公开曝光环境违法典型案件。健全举报制度，充分发挥"12369"环保举报热线和网络平台作用。限期办理群众举报投诉的环境问题，一经查实，可给予举报人奖励。通过公开听证、网络征集等形式，充分听取公众对重大决策和建设项目的意见。积极推行环境公益诉讼。（环境保护部负责）

（三十五）构建全民行动格局。树立"节水洁水，人人有责"的行为准则。加强宣传教育，把水资源、水环境保护和水情知识纳入国民教育体系，提高公众对经济社会发展和环境保护客观规律的认识。依托全国中小学节水教育、水土保持教育、环境教育等社会实践基地，开展环保社会实践活动。支持民间环保机构、志愿者开展工作。倡导绿色消费新风尚，开展环保社区、学校、家庭等群众性创建活动，推动节约用水，鼓励购买使用节水产品和环境标志产品。（环境保护部牵头，教育部、住房城乡建设部、水利部等参与）

我国正处于新型工业化、信息化、城镇化和农业现代化快速发展阶段，水污染防治任务繁重艰巨。各地区、各有关部门要切实处理好经济社会发展和生态文明建设的关系，按照"地方履行属地责任、部门强化行业管理"的要求，明确执法主体和责任主体，做到各司其职，恪尽职守，突出重点，综合整治，务求实效，以抓铁有痕、踏石留印的精神，依法依规狠抓贯彻落实，确保全国水环境治理与保护目标如期实现，为实现"两个一百年"奋斗目标和中华民族伟大复兴中国梦作出贡献。

附录B 关于印发《关于依法规范食品加工企业的指导意见》的通知

国家质量监督检验检疫总局

工业和信息化部

卫生部

商务部

环境保护部

国质检食监联〔2009〕470号

关于印发《关于依法规范食品加工企业的指导意见》的通知

各省、自治区、直辖市质量技术监督局,工业和信息化主管部门,卫生厅(局),商务主管部门,环境保护厅(局):

按照国务院关于轻工业调整和振兴规划的统一部署,为贯彻落实《中华人民共和国食品安全法》及其实施条例等相关法律法规的规定,加强指导规范食品加工企业生产行为,保障食品安全,国家质检总局会同工业和信息化部、卫生部、商务部等部门共同制定了《关于依法规范食品加工企业的指导意见》,现印发你们,请依据职责遵照执行。

二〇〇九年十月十二日

关于依法规范食品加工企业的指导意见

食品安全关系到广大人民群众的身体健康和生命安全,关系到经济健康发展和社会稳定。为进一步指导食品加工企业加强产品质量管理,提高企业食品安全责任意识,现就规范食品加工企业生产管理行为,提出如下意见。

一、指导思想和工作原则

(一)指导思想。各食品安全监管和相关职能部门指导规范食品加工企业生产行为,要按照党中央、国务院关于加强食品安全监管工作的统一部署,依据《中华人民共和国食品安全法》及《中华人民共和国食品安全法实施条例》等法律法规规定,坚持"督促落实责任、积极帮扶指导、严惩责任缺失、鼓励诚信经营"的指导思想,依法科学规范食品加工企业生产行为,切实保障食品安全。

(二)工作原则。各食品安全监管和相关职能部门指导规范食品加工企业生产行为应坚持"政府领导、依法督促、落实责任、从严监管"的原则。一是要在当地政府的统一领导下，依据各自职责指导规范食品加工企业生产加工行为。二是要严格依照食品安全法及其实施条例等法律法规对食品加工企业的规定，要坚持食品加工企业是食品安全第一责任人，督促食品加工企业建立并落实各项制度，承担食品质量安全主体责任。三是要依据各自职责督促、检查、帮扶食品加工企业。四是要对存在责任缺失、不诚信经营等情况的食品加工企业从严监管，要加强对食品加工企业诚信体系建设工作的指导和推进，有违法行为的依法严肃处理，并公开相关信息。

二、食品加工企业应依法规范生产行为

各食品安全监管和相关职能部门要督促食品加工企业按照食品安全法及其实施条例等相关法律法规的规定切实落实以下各项要求，规范自己的行为。

（一）企业应保持资质的一致性。一是企业实际生产食品的场所、生产食品的范围等应与食品生产许可证书内容一致。二是企业在生产许可证有效期内，生产条件、检验手段、生产技术或者工艺发生变化的，应按规定报告。三是食品生产许可证载明的企业名称应与营业执照一致。

（二）企业应建立进货查验记录制度。一是企业采购食品原料、食品添加剂、食品相关产品应建立和保存进货查验记录，向供货者索取许可证复印件（指按照相关法律法规规定，应当取得许可的）和购进批次产品相适应的合格证明文件。二是对供货者无法提供有效合格证明文件的食品原料，企业应依照食品安全标准及有关规定自行检验或委托检验，并保存检验记录。三是企业采购进口需法定检验的食品原料、食品添加剂、食品相关产品的，应当向供货者索取有效的检验检疫证明。四是企业生产加工食品所使用的食品原料、食品添加剂、食品相关产品的品种应与进货查验记录内容一致。五是企业应建立和保存各种购进食品原料、食品添加剂、食品相关产品的贮存、保管、领用出库等记录。

（三）企业应建立生产过程控制制度。一是企业应定期对厂区内环境、生产场所和设施清洁卫生状况自查，并保存自查记录。二是企业应定期对必备生产设备、设施维护保养和清洗消毒，并保存记录，同时应建立和保存停产复产记录及复产前生产设备、设施等安全控制记录。三是企业应建立和保存生产投料记录，包括投料种类、品名、生产日期或批号、使用数量等。四是企业应建立和保存生产加工过程关键控制点的控制情况，包括必要的半成品检验记录、温度控制、车间洁净度控制等。五是企业生产现场，应避免人流、物流交叉污染，避免原料、半成品、成品交叉污染，保证设备、设施正常运行，现场人员应进行卫生防护，不应使用回收食品等。

（四）企业应建立出厂检验记录制度。一是企业应建立和保存出厂食品的原始检验数据和检验报告记录，包括检查食品的名称、规格、数量、生产日期、生产批号、执行标准、检验结论、化验员、检验合格证号或检验报告编号、检验时间等记录内容。二是企业的检验人员应具备相应能力。三是企业委托其他检验机构实施产品出厂检验的，应检查受委托检验机构资质，并签订委托检验合同或协议。四是出厂检验项目与食品安全标准及有关规定的项目应保持一致。五是企业应具备必备的检验设备，并在计量检定或校准的法定有效期内使用，相关辅助设备及化学试剂应完好齐备并在有效使用期内。

（五）企业应加快建立企业诚信制度。按照国家有关规定，建立企业内部诚信管理制度和质量诚信保障制度，主要是企业诚信教育制度、企业内部诚信档案制度、企业诚信管理检查制度、诚信危机处理和预警制度等。

（六）企业应建立不合格品管理制度。一是企业应建立和保存采购的不合格食品原料、食品添加剂、食品相关产品的处理记录。二是企业应建立和保存生产的不合格产品的处理记录。

（七）企业生产加工食品的标识标注内容应符合法律、法规、规章及食品安全标准规定的事项。

（八）企业应建立销售台账。企业应对销售每批产品建立和保存销售台账，包括产品名称、数量、生产日期、生产批号、购货者名称及联系方式、销售日期、出货日期、地点、检验合格证号、交付控制、承运者等内容。

（九）企业标准执行应符合相关法律法规规定。一是企业标准应按规定进行备案。二是企业应收集、记录新发布国家食品安全标准，参加相关培训，做好标准执行工作。三是依法获得相关认证的企业应持续符合认证要求。

（十）企业应建立不安全食品召回制度。企业应建立和保存对不安全食品自主召回、被责令召回的执行情况的记录，包括：企业通知召回的情况；实际召回的情况；对召回产品采取补救、无害化处理或销毁的记录，整改措施的落实情况；向当地政府和县级以上监管部门报告召回及处理情况。

（十一）企业从业人员健康和培训应符合相关法律法规规定。一是企业应建立从业人员健康检查制度和健康档案制度，保存对直接接触食品人员健康管理的相关记录。二是企业应建立和保存对从业人员的食品质量安全知识培训记录。

（十二）企业接受委托加工食品应符合相关法律法规规定。一是生产企业接受委托应到所在地质量技术监督部门备案，并保存包括备案证明材料、委托加工合同（或复印件）等相关材料；二是委托加工食品包装标识应符合相关规定。

（十三）企业应建立消费者投诉受理制度。企业应建立和保存对消费者投诉的受理记录。包括投诉者姓名、联系方式、投诉的食品名称、数量、生产日期或生产批号、投诉质量问题、企业采取的处理措施、处理结果等。

（十四）企业应主动收集企业内部发现的和国家发布的与企业相关的食品安全风险监测和评估信息，并做出反应，同时应建立和保存相关记录。

（十五）企业应妥善处置食品安全事故。一是企业应制定食品安全事故处置方案。二是企业应定期检查各项食品安全防范措施的落实情况。三是如果发生食品安全事故，企业应建立和保存处置食品安全事故的记录。

（十六）企业对采购的不合格食品、发现的风险因素、检验发现的不安全食品等情况，应主动向当地食品安全和相关监管部门报告。

（十七）企业应履行环境保护相关法律法规所规定的义务，并努力提高环境守法能力与水平，持续改善环境行为。

三、规范食品加工企业生产行为的工作要求

各食品安全监管和相关职能部门在切实落实依法规范食品加工企业工作中，应重点加强以下六个方面的工作：

（一）高度重视、认真组织。当前，依法规范食品加工企业是深入贯彻落实科学发展观的总体要求，是保障食品安全的具体措施，是落实食品安全法及其实施条例的重要手段，各食品安全监管和相关职能部门必须高度重视此项工作，要根据各自职责和辖区实际情况形成具体的工作方案，主动向当地政府报告此项工作实施情况，争取纳入食品安全年度监督管理计划。

（二）完善机制、有序开展。各食品安全监管和相关职能部门开展依法规范食品加工企业的工作，应逐步建立和完善工作机制，形成一整套的工作程序，紧密结合地方政府统一制定的食品安全年度监督管理计划，并与本部门开展的其他工作有机结合，实现规范食品加工企业工作有序开展。

（三）重点明确、强化基层。开展依法规范食品加工企业的重点在基层县级（及县以下）食品安全监管和相关职能部门，各省级食品安全监管和相关职能部门要从资金、设备、人员等方面全面向基层倾斜，从政策措施等多个方面予以全面支持。各级食品安全监管和相关职能部门应把规范食品加工企业工作积极主动向同级政府报告，争取政府的政策和资金支持。

（四）建设队伍、提升能力。做好依法规范食品加工企业的关键是有一只高素质、能战斗的监管人员队伍，各省级食品安全监管和相关职能部门要加强各自的食品安全监管人员队伍建设，建立和完善业务培训制度，根据食品安全监管工作的需要，不断提高监管人员技术水平，切实保障依法规范食品加工企业工作取得实效。

（五）部门联动、加强检查。各食品安全监管和相关职能部门要在政府统一领导下，建立定期协商、信息通报、移交移送等长效联动机制，协调配合，形成合力，切实加大对违法企业的惩治力度，共同促进食品加工企业在食品安全、环境保护等方面守法水平的提高。国务院各食品安全监管和相关职能部门会根据工作实施情况，适时组成联合检查组，对各地依法规范食品加工企业工作进行检查；各省级食品安全监管和相关职能部门应每年至少组织一次对县级食品安全监管和相关职能部门开展工作情况的检查指导。

（六）加强宣传、积极引导。一是要向食品加工企业宣传食品安全法及其实施条例的各项具体要求，务求企业明确自己的质量安全主体责任。二是要向人民群众广泛宣传食品安全监管的政策法规，宣传规范食品加工企业工作的重要作用，加强曝光有违法犯罪行为、不诚信经营的企业，大力宣传优秀企业，不断普及食品安全知识，积极引导消费，在全社会营造良好的食品安全监管氛围。

附录 C 食品工业"十二五"发展规划

国家发展和改革委员会
工业和信息化部
二〇一一年十二月

食品工业承担着为我国 13 亿人提供安全放心、营养健康食品的重任,是国民经济的支柱产业和保障民生的基础性产业。"十一五"时期,我国食品工业继续保持快速增长,2010 年实现工业总产值 6.1 万亿元,占工业总产值比重的 8.8%,有力带动了农业、流通服务业及相关制造业发展,对"扩内需、增就业、促增收、保稳定"发挥了重要的作用。

"十二五"时期是全面建设小康社会的关键时期,是深化改革、加快转变经济发展方式的攻坚时期。根据《中华人民共和国国民经济和社会发展第十二个五年规划纲要》的总体部署,为加快食品工业结构调整,促进产业转型升级,建设具有中国特色的现代食品工业体系,实现持续健康发展,特制定《食品工业"十二五"发展规划》(规划期为 2011—2015 年),作为"十二五"时期全国食品工业发展的指导性文件。

一、"十一五"发展成就和存在问题

(一)发展成就

"十一五"期间,食品工业坚持走新型工业化道路,积极应对国际金融危机冲击,实现了又好又快发展,全面完成了《全国食品工业"十一五"发展纲要》规定的各项指标。

1. 工业生产快速增长,支柱地位得到强化

2010 年,全国食品工业规模以上企业达 41 286 家,比 2005 年增长 73.2%,年均增长 11.6%;实现工业总产值 6.1 万亿元,增长 201.5%,年均增长 24.7%,年均增幅比"十五"时期提高 5.3 个百分点;实现利税 10 659.6 亿元,增长 214.0%,年均增长 25.7%;从业人员 696 万人,比 2005 年增长 53.9%,年均增长 9.0%。食品工业总产值占工业总产值的比重由 2005 年的 8.1% 提高到 2010 年的 8.8%,与农业总产值之比由 2005 年的 0.52∶1 提高到 2010 年的 0.88∶1,食品工业在国民经济中的支柱产业地位进一步增强。

2. 产品结构不断优化,市场供应更加丰富

主要产品产量稳步增长,保证了 13 亿人口的食品供应(表 C-1)。产品结构向多元化、优质化、功能化方向发展,产品细分程度加深,深加工产品比例上升,新产品不断涌现,基本满足了国民对食品营养、健康、方便的需求。市场供应品种丰富多彩,规格档次齐全,形成了 4 大类、22 个中类、57 个小类共计数万种食品,满足了不同人群多层次的消费要求。

3. 产品质量总体稳定,食品安全水平提高

党中央、国务院高度重视食品安全工作,国务院成立了食品安全委员会及其办公室,

加强了对食品安全的组织领导。在各地区、各有关部门和全社会的共同努力下,食品安全监管力度不断加大。尤其是2009年6月1日《中华人民共和国食品安全法》及其实施条例实施以来,食品安全各项工作取得了明显成效,全国食品安全形势总体稳定并保持向好趋势,产品质量稳步改善,产品总体合格率不断提高。目前,23大类3800多种加工食品质量国家监督抽查批次抽样合格率由2005年的80.1%提高到2010年的94.6%,提高了14.5个百分点,出口食品合格率一直保持在99%以上。2010年,3食品投诉案件34789件,较2006年下降17.4%。截止2010年底,已完善了1800余项国家标准、2500余项行业标准和7000余项地方标准及企业标准,公布新的食品安全国家标准176项,为保障食品安全奠定了良好基础。

4. 技术装备水平提升,科技支撑能力增强

我国食品工业加大投入,各行业技术装备水平都有不同程度的提升,科技支撑能力增强,对推进食品工业快速发展起到了积极作用。行业装备水平进步显著,通过引进技术和设备,谷物磨制、食用植物油、乳制品、肉类及肉制品、水产品、啤酒、葡萄酒、饮料、方便面、速冻食品等行业的大中型企业的装备水平基本与世界先进水平同步。在此期间,我国攻克了一批关键技术,在食品物性修饰、非热加工、高效分离、风味控制、大罐群无菌贮藏、可降解食品包装材料等关键技术研究上取得了重大突破。自主装备水平与国际差距有所缩小,研制开发了200 m^2 冷冻干燥、200 吨/d 油菜籽冷榨、800 MPa 高压杀菌、60000 瓶/小时高速贴标和中小型螺杆挤压膨化等一批具有自主知识产权的食品加工关键装备。苹果浓缩汁、马铃薯淀粉和全粉、生猪自动化屠宰、中小型乳制品生产以及饮料热灌装等成套技术与装备实现了从长期依赖进口到基本实现自主化并成套出口的跨越。

5. 骨干企业发展壮大,产业集中程度提高

食品工业规模化、集约化深入推进,通过兼并重组、淘汰落后,涌现了一批市场占有率高、带动能力强的骨干企业和企业集团。2010年,产品销售收入超过百亿元的食品工业业有27家,比2005年增加了15家,其中超过千亿元的企业2家,1家企业进入了世界500强。产业集中度稳步提升,乳制品行业10强企业销售收入占全行业的73.5%,制糖行业10强企业产量占全行业的64.3%,啤酒行业年产100万千升以上的15家企业集团产量占全行业总产量的89.6%;饮料行业10强企业产量占全行业的53.9%。

6. 区域发展差距缩小,产业布局渐趋合理

在西部大开发、振兴东北等老工业基地、促进中部崛起等一系列区域发展战略指导下,食品工业布局渐趋合理,逐步向中西部地区转移,中西部地区农业资源优势正逐步转化为食品产业优势,东中西部食品工业产值的比值由2005年的58.3∶23.1∶18.6,转变为2010年的51.6∶29.3∶19.1。食品企业持续向主要原料产区、重点销区和重要交通物流节点集中,形成了黄淮海平原小麦加工产业带、东北和长江中下游大米加工产业带、东北和黄淮海玉米加工产业带、东北和长江中下游、东部沿海食用植物油加工产业带、冀鲁豫、川湘粤猪肉加工产业带、东北、西北、中原牛羊肉加工产业带、环渤海、西北黄土高原苹

果加工产业带等。

表 C-1 "十一五"主要食品产量及平均增长速度

名称	单位	2005 年	2010 年	累计增长（%）	年均增长（%）
大米	万吨	1766.2	8244.4	366.7	36.1
小麦粉	万吨	3992.3	10118.5	153.5	20.4
食用植物油	万吨	1612	2005	24.4	4.5
肉类	万吨	7700	7925.0	2.9	0.6
水产品	万吨	4419.9	5373.0	21.6	4.0
成品糖	万吨	912.4	1102.9	20.9	3.9
乳制品	万吨	1204.4	2159.6	79.3	12.4
糕点	万吨	42.9	150.5	250.8	28.5
罐头	万吨	500.3	918.6	83.6	12.9
饮料酒	万千升	3565.8	5673.6	59.1	9.7
其中白酒（折65%，V/V）	万千升	852.8	890.6	4.4	0.9
啤酒	万吨	3126.1	4483.1	43.4	7.5
葡萄酒	万千升	43.4	108.8	150.7	20.2
软饮料	万吨	3380.4	9983.8	195.3	24.2
精制茶	万吨	52.4	143	172.9	22.2

（二）存在问题

1. 食品安全保障体系不够完善

食品安全事件时有发生，消费者对食品安全仍较担心。目前，我国食品质量标准体系尚不完善，食品卫生标准、食品质量标准、农产品质量安全标准和农药残留标准等标准体系有待进一步整合，不同行业间制定的标准在技术内容上存在交叉矛盾。技术保障能力尚难以满足食品安全监管需要，检测技术相对落后，仪器设备配置不足，部分检验设备严重老化；基层检验机构和人员数量偏少，检测能力亟须加强；食品安全监管机制还不够健全，食品安全责任追溯制度尚不完善。一些企业主体责任不落实，自律意识不强，诚信缺失。

2. 自主创新能力仍较薄弱

我国食品科技研发投入不足，2010 年我国食品科技投入强度约为 0.4%，不仅低于发达国家 2% 以上的水平，也低于新兴工业化国家 1.5% 的水平。食品科技创新基础薄弱，产学研用结合不紧密，缺乏工程技术中心、工程实验室等创新平台，国家重点实验室建设有待加强，缺少具有自主知识产权和国际先进水平的重大成果，创新能力不强。食品装备问题突出：一是自主知识产权核心技术缺乏，产品竞争能力弱，大型无菌冷灌装、肉制品加工关键装备、柑橘汁加工关键装备、高效分离装备、大型乳品生产线、食品品质在线监测以及食品分析与检测装备等长期依赖进口。二是国产装备普遍存在能耗较高、可靠性和安全性不足、卫生保障性差、自动化程度低、关键零部件使用寿命短、成套性差等问题。三是标准化程度低、覆盖面小、标准类型不配套，标准覆盖率仅为20%。

3. 食品产业链建设尚需加强

食品工业与上、下游产业链衔接不够紧密，食品产业链的有效不足，原料保障、食品加工、产品营销存在一定程度的脱节。绝大多数食品加工企业缺乏配套的原料生产基地，原料生产与加工需求不适应，价格和质量不稳定。我国小麦产量居世界首位，但优质专用品种数量不足，每年仍需进口部分优质专用小麦；我国柑橘产量的95%适宜鲜食，适合加工橙汁的柑橘品种和产量少，95%的橙汁依靠进口。多数食品加工企业缺乏必要的仓储和物流设施，原料供应保障程度低，资源浪费严重，抗风险能力弱。

4. 产业发展方式仍然较为粗放

以数量扩张为主的粗放型发展方式仍然未得到改变。不少企业特别是部分中小企业生产粗放，初级产品多，资源加工转化效率低，综合利用水平不高。部分企业工艺技术水平低，循环经济和清洁生产发展滞后，能耗物耗高，污染比较严重。我国玉米淀粉行业原料利用率仅为95%，低于国际先进水平约4个百分点。我国干制食品吨产品耗电量是发达国家的2~3倍，甜菜糖吨耗水量是发达国家5~10倍，罐头食品吨耗水量为日本的3倍；发酵工业的废水排放量占全国总量的2.3%，是轻工业重点污染行业之一。

5. 企业组织结构亟须优化

企业组织结构不合理，兼并重组力度不够，大中型企业偏少，规模化、集约化水平低，"小、散、低"的格局没有得到根本改变，小、微型企业和小作坊仍然占全行业的93%。部分行业生产能力过快增长，导致产能严重过剩，稻谷、小麦、大豆油脂、肉类屠宰及加工、乳制品等企业产能利用率分别仅为44%、63%、42%、33%和50%左右。与此同时，落后产能仍然占有较大比重，日处理稻谷100吨以下、小麦200吨以下、大豆400吨以下、生鲜乳100吨以下规模不合理的小型企业产能在行业中的占比分别为25%、24%、15%和25%。

二、"十二五"面临的形势

"十二五"时期，我国食品工业发展仍处于战略机遇期，既存在继续保持快速发展的重大机遇，也面临加快转变发展方式、保证食品安全等重大挑战和压力。

（一）国际食品工业发展趋势

1. 食品质量安全受到空前关注，安全保障难度加大

食品安全问题作为一个全球性的基本公共卫生问题，已经受到世界各国和国际组织的普遍重视，对食品安全投入不断增加，发达国家基本都建立了较为完善的食品安全监管体

制和科学的管理模式,发展中国家食品安全保障能力也正在加强。然而,全球食品安全形势仍然不容乐观,食品产业链的全球化增加了食品安全保障难度,工业发展和环境破坏导致食品的化学危害趋于严重。受经济发展水平的制约,发展中国家和不发达国家食品安全保障能力仍然较低,每年都有大量的食源性疾病发生,不发达国家甚至每年约有220万人死于食源性腹泻,发达国家每年仍约有1/3的人感染食源性疾病,食品安全事故时有发生。保障食品安全已经成为世界各国面临的共同难题。

2. 高新技术应用加速,食品工业不断涌现新业态

食品科学是高度综合的应用性学科,其他科学领域的重大科技成果都会直接或间接带动食品工业的技术创新。进入21世纪以来,信息技术、生物技术、纳米技术、新材料等高新技术发展迅速,与食品科技交叉融合,不断转化为食品生产新技术,如物联网技术、生物催化、生物转化等技术已开始应用于从食品原料生产、加工到消费的各个环节中。营养与健康技术、酶工程、发酵工程等高新技术的突破催生了传统食品工业化、新型保健与功能性食品产业、新资源食品产业等新业态的不断涌现。

3. 全球食品格局深度调整,国际竞争日趋白热化

全球已进入空前的密集创新和产业振兴时代,世界主要经济体特别是发达国家,均加快了经济转型升级步伐,全球食品格局也正发生广泛而深刻的变革,不断向多领域、全链条、深层次、低能耗、全利用、高效益、可持续方向发展,愈来愈深刻地影响我国食品工业。我国食品工业与全球食品工业从未像今天这样紧密关联。近年来,食品跨国集团空前活跃,发达国家和跨国公司大举抢滩登陆我国食品工业,在全球范围内通过资本整合,以专利、标准、技术和装备的垄断以及人才的争夺,将技术领先优势迅速转化为市场垄断优势,不断提升核心竞争能力,采用兼并、控股、参股等多种手段大举进入我国市场,使我国竞争力尚不够强的食品工业面临着严峻的国际竞争挑战。

(二)国内食品工业面临形势

1. 安全风险广泛存在,食品质量要求提高

食品质量安全已成为全社会高度关注的焦点。随着食品相关领域认知水平的提高,特别是检测技术和医学的发展,农药兽药残留、抗生素以及非法添加物等物质的危害性研究的深入,影响食品质量安全的风险因素不断被认知;同时新材料、新技术、新工艺的广泛应用使食品安全风险增大,使得越来越多与食品安全相关的问题时有发生,对食品安全风险分析与控制能力、检验检测技术和监管方式提出了新的要求。随着人们生活水平的提高和健康意识的增强,对食品安全与营养提出了更高要求,而食品工业在产品标准、技术设备、管理水平和行业自律等方面还有较大差距。

2. 各级政府高度重视,宏观环境继续改善

党中央、国务院一向高度重视食品工业发展和产品质量安全,并将食品安全上升到国家安全的高度,进一步完善了食品安全法律10法规体系。目前,我国已基本形成了以《食品安全法》为核心的食品安全法律法规体系,通过了《刑法修正案(八)》,为加强食

品安全监管、严厉打击违法犯罪提供了法律依据；发布了《产业结构调整指导目录（2011年本）》，提出了食品产业结构调整的指导方向，有利于推动食品工业持续健康发展。同时，国家努力推动区域经济协调发展，对中西部开发持续投入及支持东部地区率先发展的政策，给食品工业的初级农产品原料供给和消费提升提供了良好的发展契机，促进食品工业区域产业布局调整发生适应性变化。西部大开发、东北振兴、中部崛起及其他区域规划，都把食品加工业作为主导产业。很多省市也把食品工业作为地方支柱产业，并出台了相关支持政策，食品工业发展的宏观环境逐渐改善。

3. 消费需求刚性增长，市场空间持续扩大

随着人口增长、国民收入水平提高和城镇化深入推进，"十二五"时期，城乡居民对食品消费需求将继续保持较快增长的趋势。到2015年，我国人口将达到13.75亿，每年新增700万人左右；城镇化率将达到51.5%，每年约有1000万农村劳动力转为城镇居民；按"十二五"规划纲要提出的城乡居民收入与经济增长同步的目标测算，到2015年我国城镇和农村居民的恩格尔系数将从2010年的35.7%和41.1%分别下降到32%和37%左右。随着"十二五"时期我国进入中等收入阶段，城乡居民对食品的消费将从生存型消费加速向健康型、享受型消费转变，从"吃饱、吃好"向"吃得安全，吃得健康"转变，食品消费进一步多样化，继续推动食品消费总量持续增长。

4. 资源环境约束加剧，节能减排任务艰巨

我国经济社会发展面临日趋强化的资源和环境双重制约，以节能减排为重点，加快构建资源节约型、环境友好型的生产方式和消费模式，已成为我国今后一个时期的主要任务。我国食品工业部分行业单位产品的能耗、水耗和污染物排放仍然较高，必须积极应对全球气候变化，加强节能节水节地降耗，大力发展循环经济，提高资源利用率，强化污染物减排和治理。

三、指导思想、基本原则和发展目标

（一）指导思想

以邓小平理论和"三个代表"重要思想为指导，深入贯彻落实科学发展观，坚持走新型工业化道路，以满足人民群众不断增长的食品消费和营养健康需求为目标，调结构、转方式、提质量、保安全，着力提高创新能力，促进集聚集约发展，建设企业诚信体系，推动全产业链有效衔接，构建质量安全、绿色生态、供给充足的中国特色现代食品工业，实现持续健康发展。

（二）基本原则

安全卫生，营养健康。把"安全、优质、营养、健康、方便"作为发展方向，强化全产业链质量安全管理，提高食品质量，确保食品安全。倡导适度加工，改变片面追求"精、深"加工的生产模式，保护食品的有效营养成分，引导健康消费。

科技支撑，创新发展。加强自主创新能力建设，提高装备自主化水平，加快食品工业技术进步和改造，完善食品标准体系，培育知名品牌，促进食品工业发展由数量扩张向依靠科技进步、提升质量效益转变。

统筹兼顾,协调发展。妥善处理好扩大规模和提高质量效益,总量平衡与结构优化,初加工与深加工,原料生产、加工与消费,东部与中西部地区发展的关系。既要积极壮大骨干企业,又要扶持中小企业,促进食品工业协调健康发展。

综合利用,绿色发展。大力发展循环经济,提高资源综合利用水平。加强节能减排,降低单位产品的能耗、物耗,减少污染物排放,加大环境保护力度,推进清洁生产。

(三)发展目标

到 2015 年,食品工业集约化、规模化、质量安全水平进一步提高,区域布局进一步优化,形成自主创新能力强、保障安全和营养健康,具有较强国际竞争力的现代食品产业,提高食品产业对社会的贡献度,巩固食品产业在新时期扩大城乡居民消费、带动相关产业发展和促进社会和谐稳定中的支柱地位。

1. 食品安全和营养水平明显提升。完善食品工业标准体系,加强食品质量安全标准体系建设,制(修)订国家和行业标准 1000 项;完善食品安全管理制度体系。规模以上食品生产企业普遍推行良好操作规范(GMP),食品生产企业 60% 以上达到危害分析和关键控制点(HACCP)认证要求,企业普遍建立诚信管理体系(CMS);13 食品质量抽检合格率达到 97% 以上,人民群众对食品满意度显著提高。

2. 规模效益保持较快增长。在满足市场需求、转变方式、优化升级的基础上,保持行业平稳较快增长。到 2015 年,食品工业总产值达到 12.3 万亿元,增长 100%,年均增长 15%;利税达到 1.88 万亿元,增长 75%,年均增长 12%。食品工业总产值与农业总产值之比提高到 1.5∶1。

3. 自主创新能力明显增强。食品安全控制、新型节能环保等关键技术取得突破,掌握和开发一批具有独立自主知识产权的食品加工核心技术和先进装备。到 2015 年,食品科技研发经费占食品工业产值的比例提高到 0.8%,关键设备自主化率提高到 50% 以上。

4. 企业组织结构不断优化。培育形成一批辐射带动力强、发展前景好、具有竞争力优势的大型食品企业和企业集团,提高重点行业的生产集中度,到 2015 年,销售收入达到百亿元以上的食品工业企业达到 50 家以上;中小食品企业发挥专、精、特、新的优势,逐步实现良性发展,继续淘汰一批工艺技术落后的企业,形成各类企业分工协作、共同发展的格局。

5. 区域结构布局更加合理。利用东部地区技术优势和中西部地区资源优势,形成东中西部食品工业协调发展的新格局。鼓励和支持食品加工企业向产业园区集聚。到 2015 年,中西部和东北地区食品工业产值占全国比重提高到 60% 左右,全国建成数百个具有一定规模和较强区域影响力的现代食品产业园区。

6. 资源利用和节能减排成效显著。到 2015 年,食品工业副产品综合利用率提高到 80% 以上;单位国内生产总值二氧化碳排放减少 17% 以上,能耗降低 16%;主要污染物排放总量减少 10% 以上。

7. 产品结构取得明显改善。高科技、高附加值和深加工产品的比例稳步提高,巩固和壮大"老字号"食品品牌,努力扩大品牌食品的知名度和市场占有率,培育一批食品知名品牌。

表 C-2 "十二五"食品工业发展主要指标

指标	2010年	2015年	年均增长(%)	属性
规模效益				
总产值（万亿元）	6.13	12.3	15	预期性
利税（万亿元）	1.07	1.88	12	
产业结构				
销售收入超百亿元的大型企业集团（个）	27	50	【23】	预期性
建设食品产业园区域或产业集群（个）			【200】	
中西部和东北地区食品工业产值占全国的比重（%）	54.4	60	【5.6】	
知名品牌培育（个）			【300】	
科技进步				
科研研发经费占销售收入的比重（%）	0.4	0.8	【0.4】	预期性
关键设备自主化率（%）	40	50	【10】	
食品安全				
制修订标准（个）			【1000】	预期性
规模以上食品企业通过 HACCP 认证比例（%）	50	60	【10】	约束性
食品抽检合格率（%）	94.6	>97	【2.4】	
资源利用				
副产物综合利用率（%）	75	>80	【5】	约束性
单位国内生产总值能耗降低（%）			【16】	
单位工业增加值用水量降低（%）			【30】	
环境保护				
单位国内生产总值二氧化碳排放降低（%）			【17】	约束性
化学需氧量排放减少（%）			【10】	
氨氮化合物排放量减少（%）			【10】	

注：总产值和利税绝对数按2010年价格计算，增长速度按可比价计算；【】内为5年累计数。

四、主要任务

(一)强化食品质量安全

提高重点行业准入门槛。加快制定和完善粮食、油脂、肉类、饮料、水产品、果蔬加工等重点食品行业产业政策和行业准入条件,明确食品加工企业在原料基地、生产规程、产品标准、质量控制等方面的必备条件。

健全食品安全监管体制机制。按照《"十二五"期间国家食品安全监管体系规划(2011—2015)》要求,建立健全符合我国国情的食品安全监管体制机制,明晰食品安全监管部门职责,堵塞监管漏洞,形成监管合力,实现全程监管和无缝衔接。落实地方政府责任,加强部门间、地方间的协调联动,加大投入力度,优化整合资源,提高监管能力。

完善食品标准体系。加快制(修)订食品安全标准和相关标准,健全食品加工技术标准体系,重点制修订食品添加剂、方便食品、肉制品、乳制品、饮料等行业标准,完善食品安全标准、基础通用标准、重点产品标准和检测方法标准。加强对国际标准的参与程度及对相关国家标准的追踪研究。

加强检(监)测能力建设。逐步实现关键检测设备国产化,着力推进产品质量与食品安全监控中心和实验室的建设。督促企业增加原料检验、生产过程动态监测、产品出厂检测等先进检验设备配置,完善企业内部质量控制、监测系统和食品质量可追溯体系。加强监管部门的检验检测能力,严格食品检验机构资质认定,提升国家及省、市、县各级食品监测机构的检验设备水平,加强队伍能力建设。

健全食品召回及退市制度。建立和完善不符合食品安全标准和超过保质期的食品主动召回、责令召回及退市制度,明确食品召回范围、召回级别、召回处置等具体规定,使食品召回及退市制度切实可行。健全食品质量安全申诉投诉处理制度,加强申诉投诉处理管理。

落实企业食品安全主体责任。完善企业内部质量控制、监测系统,重点加强农药残留、重金属、真菌毒素、微生物等项目检测,建立食品质量可追溯体系。健全食品质量安全投诉管理制度、不合格产品追溯制度、食品退市召回与应急处理制度。开展质量安全诚信对标达标活动,加快建立健全食品工业企业诚信管理体系,持续推进企业质量管理提升和食品安全措施改进;建立健全食品工业企业诚信信息公共服务平台,完善诚信激励和失信惩戒措施。健全食品安全监督机制,尊重消费者监督权利,保障监督渠道畅通,促进社会监督。

表 C-3 食品安全检(监)测能力建设重点

重点领域	主要内容
共性关键技术研究	产业链安全动态数据库、流通领域主要食品监测数据库、标准数据库和风险数据库建设;监控系统和溯源系统建设;食品添加剂、农药残留、真菌毒素、致病微生物、重金属离子、非法添加物等快速、高通量检测技术研究开发

续表

重点领域	主要内容
食品加工企业主要检测仪器设备及系统建设	气相、液相）色谱仪、色-质联用仪、原子荧光光谱仪、原子吸收光谱仪、氨基酸分析仪、全自动定氮仪、蛋白质测定仪、纤维测定仪、脂肪测定仪、紫外光谱仪、近红外光谱仪、生化仪器、样品前处理设备、实验室通用仪器（离心机、电子天平、显微镜、电泳仪等）、光谱类速测产品、生化类速测产品、工业质谱、工业pH计、流程参数（温度、压力、流量等）测量控制等仪器设备研制；食品企业检测中心、过程检测、诚信信息管理平台系统、对标达标等方面的建设
关键检测设备国产化	(气相、液相）色谱仪、色-质联用仪、光谱仪（原子荧光、原子吸收、紫外、近红外等）、生化仪器、实验室通用仪器（离心机、电子天平、显微镜、电泳仪等）、样品前处理设备、光谱类、生化类速测产品、工业质谱、工业pH计、流程参数（温度、压力、流量等）测量控制仪表

（二）推进产业结构调整

完善企业组织结构。支持骨干企业做强、中型企业做大、小型企业做精，规范小企业、小作坊经营，形成以大型骨干企业为龙头、中型企业为支撑、小（微）型企业为基础的共同发展新格局。坚持市场化运作，完善配套政策，消除制度障碍，引导和推动优势企业实施强强联合、跨地区兼并重组，提高产业集中度。

培育新兴食品产业。积极适应食品消费需求结构转型升级的新要求，培育新的食品经济增长点，加快推动传统主食品工业化，培育壮大方便食品、功能食品等产业，增强品牌企业实力，造就一批具有国际竞争力的新兴食品工业企业群体。

淘汰落后产能。建立健全产业退出机制，明确淘汰要求，量化淘汰指标和规模，分年度逐级分解落实到各地和具体企业。重点在粮食加工、肉类屠宰加工、发酵、酿酒、乳制品等产能严重过剩领域，依法淘汰一批技术装备落后、资源能源消耗高、环保不达标的落后产能。严格按照《产业结构调整指导目录（2011年本）》要求，淘汰生产能力12000瓶/时以下的玻璃瓶啤酒灌装生产线，150瓶/分钟以下（瓶容在250毫升及以下）的碳酸饮料生产线，日处理原18料乳能力（两班）20吨以下浓缩、喷雾干燥等设施，200千克/小时以下的手动及半自动液体乳灌装设备，3万吨/a以下酒精生产线（废糖蜜制酒精除外），3万吨/a以下味精生产装置，2万吨/a及以下柠檬酸生产装置和年处理10万吨以下、总干物收率97%以下的湿法玉米淀粉生产线等。

（三）增强自主创新能力

完善自主创新机制。探索多种形式的产学研用联合创新机制，建立以企业为应用主体、科研院所和大专院校为技术依托的创新战略联盟，逐步解决大企业技术和市场需求与大专院校和科研院所的技术研发脱节、中小企业缺乏科技支撑的问题，促进科技与产业的有机衔接。完善以企业投入为主体的多渠道、多元化投融资体系,增加食品科技领域的投入。建立基础理论研究、重大共性关键技术研发、产业化开发相融合的投资格局。

加快建设科技创新与服务平台。充分利用现有国家重点实验室,整合资源,提高基础研究能力;健全以国家工程实验室、国家工程(技术)研究中心为龙头、以国家农产品加工技术研发中心和分中心为基础的工程化研究和应用体系,提高工程化研究和成果转化能力。加强科技资源共享,国家级各类实验室全面向社会开放,提供科学技术研究、仪器设备使用、人才培养等服务。大力培养创新型人才。营造有利环境,依托食品领域的国家重大项目、重大工程和重点科研基地,培养领军人才,积极引进海外高素质创新创业人才,造就一批具有国际水平的食品科技创新团队。鼓励高等院校加强基础教育,强化实践能力,培养创新思维,夯实创新人才基础。

推进关键技术自主创新与产业化。以中国传统食品工业化自主创新为重点,加强食品原料质量控制、食品品质与营养、有害物迁移规律等基础研究,支持食品物性修饰技术等前沿技术研究,推进食品非热加工技术等关键技术研究,努力突破大宗食用农产品、特色传统食品加工等工业化、现代化重大关键技术。

表 C-4 "十二五"时期食品工业科技发展重点

重点领域	主要内容
基础研究	积极开展食品结构与功能的关系研究,加强食品品质形成及变化规律,食品营养与健康,有害物形成、迁移及控制,食用农产品产后生理生化机制等重大基础理论研究
前沿技术研究	支持食品物性修饰技术、食品生物技术、非热杀菌技术、新型食品制造技术、食品质量与安全干预技术、现代冷链与物流技术等前沿技术研究
共性关键技术研究	重点攻克适应工业化生产的信息技术、生物工程技术、新型分离技术、现代包装技术、计算机视觉技术、物联网技术、节能干燥技术、清洁生产技术等共性关键技术
传统食品工业化关键技术研究	开展传统米面制品、杂粮、中餐菜肴、豆制品、肉制品、水产制品等风味保持技术、货架期延长技术、工艺流程标准化等研究和专用设备研发
食品质量与安全关键技术研究	重点开展食品安全干预技术、食品真伪鉴别技术、食品追踪与溯源技术、食品加工质量标准、在线检测及相关设备研发,实现食品加工和质量检验检测标准化、智能化、方便化、快速化和系统化

(四)提高装备研制水平

以提高食品装备制造能力、自主化水平,支撑食品工业发展方式转变和产业结构调整升级为目标,坚持自主开发与引进吸收相结合,提高集成创新和引进消化吸收再创新的能力。突破食品装备数字化设计与先进制造、智能控制与过程检测、节能减排、质量控制、监测与检测、安全卫生共性技术与标准等关键装备与配套技术,加快装备自主化进程,满足食品工业发展的需求。

在通用装备方面,选择一批具有良好技术与产业基础的企业,重点支持发展市场前景广阔、技术含量高、产业关联度大的关键与成套设备,建成一批国产化、智能化、成套化装备生产基地,形成具有国际竞争力的知名品牌。食品杀菌方面,重点开发大型智能化连续超高温瞬时灭菌、膜除菌、粉类胶体物料杀菌、微波杀菌等装备;食品节能干燥方面,重点开发热风高效节能干燥、太阳能干燥、热泵干燥以及真空微波组合新型干燥装备;食品高效分离与浓缩方面,重点开发大型高速碟片离心、卧螺离心、膜分离、芳香物质分离提纯、膜式错流过滤及高效蒸发浓缩等装备;食品冷冻冷藏方面,重点发展真空冷却、流态化速冻、双螺旋速冻、钢带速冻以及高效制冰等装备;包装装备方面,重点开发高速无菌灌装设备、高速吹瓶设备等。

在行业专用装备方面,重点发展粮食加工、油料加工、果蔬加工、乳制品加工、水产品加工、禽畜屠宰加工装备和饮料制造、食品包装及食品检测与控制等装备。

表 C-5 "十二五"时期食品工业主要行业专用装备自主化发展重点

重点行业	发展重点
粮食加工	营养早餐、杂粮主食、全谷物制品和薯类主食加工,传统主食品工业化生产装备以及大型化双螺杆挤压食品加工装备等
油料加工	高压蒸汽炉、高温输送泵、低温脱溶装备、节能脱臭设备和大型油料加工装备,以及木本油料加工关键装备等
畜禽屠宰加工	隧道式蒸汽烫毛机、连续自动去毛、多工位扒皮装备,家禽自动化掏膛和称量分级装备,全自动低压高频三点式致昏装备,畜禽胴体分级装备,畜禽肉冷却排酸、低温分割装备,畜禽胴体激光打码装备,病害畜禽及其产品无害化处理装备,大型真空斩拌、滚揉、全自动定量灌装装备等
乳制品加工	大型机械化挤奶系统及牛奶预处理、长货架期酸奶包装、牛奶高速纸包装、大型低温制粉、大型牛奶加工成套(5000~10000包/小时)以及大型干酪生产关键装备等
水产品加工	远洋捕捞船载超低温急冻冷藏、鱼类加工、贝类的净化与加工、海藻加工及综合利用、优质名贵水产品的保鲜保活运输装备等
果蔬加工	果蔬高速商品化处理、果蔬节能干燥、净菜加工、传统菜制品加工、果蔬预冷和冷链配送以及柑橘汁加工装备等
饮料制造	高速砖型包装和高速自立袋灌装封口装备、超轻 PET 制瓶灌装一体化成套装备、20000 瓶/小时以上的无菌或超洁净灌装生产线、饮料后包装生产线,大型节能糖化装备以及 75000 瓶/小时高速贴标装备等
方便食品	大宗传统食品加工专用装备和中餐菜肴的成套专用加工装备

续表

重点行业	发展重点
食品包装	高速连续真空（充气）包装、较高黏度食品物料快速灌装、高速模塑环保包装、纸塑料薄膜裹包、高速高精度称重填充、多层复合共挤膜生产和高阻隔、耐热、耐压性包装材料成型装备等
其他	食品加工高效节能干燥、高效分离、高效杀菌和高效冷却装备，以及农产品品质检测与在线监控装备的产业化开发

（五）加快企业技术进步

加快企业技术进步。鼓励和支持食品加工企业采用新技术、新工艺、新设备对现有生产设施、工艺装备进行技术改造，优化生产流程、淘汰落后工艺和装备，实现技术进步和产业结构升级。重点加强粮食、植物油、畜禽、糖料、果蔬、水产品和特色农产品等深加工及综合利用，推进专用装备和检测仪器设备自主化和公共服务平台、食品安全检（监）测能力建设等，提高企业技术装备水平和核心竞争力。支持小企业改善生产条件，提高技术水平，开发"专、特、新"产品。围绕产品研发、生产过程控制、市场营销等环节，加快推进企业信息化建设，推行先进质量管理，支撑产业转型升级。支持企业实施品牌战略建设，加快中华特色名优食品的技术进步和技术改造，大力振兴"中华老字号"。

推进节能减排。全面落实《节能法》《循环经济促进法》《清洁生产促进法》，重点在发酵、酿酒、制糖、淀粉、速冻食品、肉类屠宰加工等行业，实施节能减排技术改造，加快推广高效节能、清洁生产和综合利用的新工艺、新技术、新设备，提高食品工业副产品的开发利用水平，加大"三废"治理和废水循环利用力度，减少污染物排放。大力发展循环经济，实施循环经济示范工程，提高资源利用效率。

表 C-6 "十二五"时期食品工业企业技术进步和技术改造重点

重点行业	发展重点（部分行业）
粮食加工	营养健康型大米、小麦粉及制品的开发生产；传统主食品、杂粮（豆）及中餐菜肴的工业化生产
植物油加工	采用膨化、负压蒸发、热能自平衡利用、低消耗蒸汽真空系统等技术，油菜籽主产区日处理油菜籽 400 吨及以上、吨料溶剂消耗 1.5 公斤以下（其中西部地区日处理油菜籽 200 吨以上、吨料溶剂消耗 2 公斤以下）的菜籽油生产线；花生主产区日处理花生 200 吨及以上吨料溶剂消耗 2 公斤以下的花生油生产线；棉籽产区日处理棉籽 300 吨及以上、吨料溶剂消耗 2 公斤以下的棉籽油生产线；采用分散快速膨化、集中制油、精炼技术的米糠油生产线；玉米胚芽油生产线；油茶籽、核桃等木本油料和胡麻、芝麻、葵花籽等小品种油料加工生产线

续表

重点行业	发展重点（部分行业）
肉类加工	畜禽动物福利和宰前质量安全预警技术、冷却肉加工质量安全控制技术开发与应用，调理肉制品和发酵肉制品加工技术开发与应用，畜禽屠宰加工生产线和冷库改造
饮料制造	热带果汁（浆）、蔬菜浆果汁（浆）、浓缩橙汁、小品种浓缩果蔬汁、谷物饮料、本草饮料、茶浓缩液、茶粉、植物蛋白饮料等高附加值植物饮料的开发生产与加工
制糖工业	低碳低硫制糖新工艺、全自动连续煮糖技术、制糖生化助剂开发与应用、制糖生产过程的信息化、糖厂热能集中优化及控制；高附加值特种糖生产及糖品深加工
发酵工业	新型菌种选育和改造技术、发酵工程优化技术、现代分离提取技术以及新型酶制剂的开发、非粮原料高效利用技术
食品添加剂和配料工业	天然食品添加剂、天然香料、新型食品添加剂开发与生产新技术；薯类变性淀粉加工技术
副产物综合利用	果渣、茶渣、粮油加工副产物（稻壳、米糠、麸皮、胚芽、饼粕等）、畜禽和水产品骨血及内脏、皮、鳞、鳍等副产物的综合开发与利用

（六）促进产业集聚发展

加快发展食品产业集群。推广产业集群示范，在具有资源优势、物流和消费集中的地区，依托经济实力好、发展潜力大、带动能力强的食品骨干企业，增强配套功能，加强专业分工协作，整合品牌、市场、技术等资源，发展一批上规模、上水平的现代食品工业园区，培育形成以骨干企业为龙头、"专、精、特"中小企业为支撑，配套检验检测、人才培训、科技开发、产品设计、物流建设、融资平台等多项生产性服务业，推动食品工业集约化、规模化发展，形成功能完善、布局合理、资源节约、特色突出的现代食品产业集群。

促进全产业链的有效衔接。鼓励食品工业企业积极向上、下游产业延伸和相互协作，建立从原料生产到终端消费各环节在内的全产业链，促进各环节有效衔接，加快产业链间的集成融合，实现优势互补、信息共享、协调发展。

表 C-7 "十二五"时期食品加工园区（基地）建设重点

重点方向	发展重点
产业集聚发展	加大对食品加工园区（基地）和产业集群产业升级、节能减排等工作的指导和支持，大力支持一批信息、研发、检测、培训、物流等服务平台的建设。支持集群骨干企业的研发、技术进步和技术改造等，发挥在辐射带动、技术示范、信息扩散和销售网络中的龙头作用，全面带动和促进中小企业健康发展，培育形成一批具有特色、有竞争力的食品产业集群

(七)大力推进两化融合

提升食品工业企业信息化水平。加快推进食品工业企业的信息化建设,引导企业运用信息化技术提升经营管理和质量控制水平,降低管理成本,丰富市场营销方式。

推进食品安全可追溯体系建设。支持食品企业与信息技术企业合作,开发应用可追溯信息技术,建立集信息、标识、数据共享、网络管理等功能于一体的食品可追溯信息系统。重点推进乳制品、肉类、酒类等行业食品可追溯体系建设。

推进物联网技术的示范应用。鼓励有条件的地区实施食品物联网应用示范工程,推进物联网技术在种养殖、收购、加工、储运、销售等各个环节的应用,逐步实现对食品生产、流通、消费全过程关键信息的采集、管理和监控。

完善食品生产企业的信息化服务体系。进一步发挥政府部门、行业组织、企业综合服务机构、信息化服务提供商等的积极作用,推动企业信息化和电子商务公共应用平台等综合性公共服务平台建设,逐步建立和完善"以服务网点为载体、以培训服务为重点、以公共信息服务为支撑"的食品工业企业信息化服务体系,为企业提供专业的信息化应用服务,促进食品工业企业的"两化"融合。建立健全食品工业监测分析与预警体系。

五、重点行业发展方向与布局

(一)粮食加工业

1. 发展方向和重点

调整产业结构,大力发展粮食食品加工业,积极发展饲料加工业,严格控制发展非食品用途的粮食深加工,确保口粮、饲料供给安全。加快产品结构调整,实现产品系列化、多元化。发展国际粮食合作,鼓励国内企业"走出去",在境外建立稻谷、玉米和大豆加工企业。

稻谷加工业。提高优质米、专用米、营养强化米、糙米、留胚米等产品比重,积极发展米制主食品、方便食品、休闲食品等产品;集中利用米糠资源生产米糠油、米糠蛋白、谷维素、糠蜡、肌醇等产品,有效利用碎米资源开发米粉、粉丝、淀粉糖、米制食品等食用类产品。

小麦加工业。提高蒸煮、焙烤、速冻等面制食品专用粉、营养强化粉、全麦粉等比重,加快推进传统面制主食品工业产业化。鼓励大型企业利用麦胚生产麦胚油、胚芽食品,利用麸皮生产膳食纤维、低聚糖等产品。

玉米加工业。提高饲料工业发展水平,积极开发玉米主食、休闲和方便食品,严格限制生物化工等非食品用途的玉米深加工产品,保证口粮和饲料用粮需求。

大豆加工业。充分利用我国非转基因大豆资源优势,重点发展大豆食品和豆粉类、发酵类、膨化类、蛋白类等新兴大豆蛋白制品。扩大功能性大豆蛋白在肉制品、面制品等领域的应用。着力研发大豆蛋白功能改性、大豆膳食纤维及多糖和新兴豆制品加工技术。

薯类和杂粮加工业。重点发展薯类淀粉和副产物的深加工。鼓励发展薯条、薯片及以淀粉、全粉为原料的各种方便食品、膨化食品,提高薯渣等副产物的综合利用水平。大力发展特色杂粮主食品加工,加快发展各种杂粮专用预混合粉和多谷物食品、速冻食品等主食品及方便食品。

2. 产业布局

在东北、长江中下游稻谷主产区,长三角、珠三角、京津等大米主销区以及重要物流节点,大力发展稻谷加工产业园区,形成米糠、稻壳和碎米综合利用的循环经济模式,重组和建设一批日处理稻谷 800 吨以上的大型骨干企业。结合国家优质小麦生产基地建设和消费需求,在黄淮海、西北、长江中下游等地区建设强筋、中强筋、弱筋专用粉生产基地,重组和建设一批日处理小麦 1000 吨以上的骨干企业。

在玉米主产区和加工区,加大兼并重组、淘汰落后的力度,坚决遏制玉米深加工能力的盲目扩张,控制深加工玉米消费量在合理水平。培育一大批技术含量高、符合市场需求、具有较强竞争力的骨干企业。

支持东北大豆产区建设大豆食品加工基地,提高豆腐及各种传统豆制品工业化、标准化生产水平,深入开发新型高质量营养食品;支持黄淮海大豆产区发展大豆深加工,延长产业链;鼓励沿海地区加强对大豆加工副产物综合利用,建设一批优质饲用蛋白、脂肪酸、精制磷脂等生产基地。

在马铃薯、甘薯的主产区,发展一批年处理鲜马铃薯 6 万吨以上的加工基地和年处理鲜甘薯 4 万吨以上的加工基地;在木薯主产区,适度发展年处理鲜木薯 20 万~30 万吨的加工厂和木薯变性淀粉生产基地;在有条件的地区积极发展特色杂粮加工业。

3. 发展目标

到 2015 年,粮食加工业总产值达到 3.9 万亿元,年均增长 12%;形成 10 个销售收入 100 亿元以上的大型粮食加工企业集团;日处理稻谷 200 吨以上企业的产量比重提高到 60% 以上,日处理小麦 400 吨以上企业的产量比重提高到 65% 以上,均比 2010 年提高 15 个百分点。

(二)食用植物油加工业

1. 发展方向和重点

稳定传统大豆油生产,着力增加以国产油料为原料的菜籽油、花生油、棉籽油、葵花籽油等油脂生产,大力推进以粮食加工副产物为原料的玉米油、米糠油生产,积极发展油茶籽油、核桃油、橄榄油等木本植物油生产,促进油脂品种多元化,提升食用植物油自给水平。提高油料规模化综合利用水平,开发提取蛋白产品。鼓励并支持国内有条件的企业"走出去",合作开发棕榈、大豆、葵花籽等食用油资源,建立境外食用油生产加工基地,构建稳定的进口多品种油料和食用植物油源的保障体系。

2. 产业布局

大豆油脂加工。严格控制新建项目,引导工艺技术装备落后的大豆加工企业关停并转,降低设备闲置率,提高生产效率。充分发挥东北非转基因大豆优势,稳定当地大豆油脂加工产业集群,淘汰一批落后产能;沿海大豆加工区要进一步压缩产能,鼓励内资企业兼并、重组，积极培育大豆加工和饲料生产一体化的企业。

油菜籽加工。在长江中下游地区，依托现有骨干企业，形成一批日处理油菜籽400吨及以上加工企业。西部内陆地区，依托现有骨干企业，形成一批日处理油菜籽200吨及以上企业。鼓励建设一线多能的多油料品种加工项目，坚决淘汰落后产能。

花生油加工。在大力淘汰落后产能的基础上，努力在主产区培养形成一批日处理花生200吨及以上企业。

油茶籽加工。加强优质高产原料基地建设，在湖南、广西、江西等主产区建设若干年加工油茶籽6万吨以上项目。

其他油料加工。在核桃、油橄榄主产区建设若干年加工原料3万吨以上项目；在棉花主产区形成一批日处理棉籽300吨及以上项目；在内蒙古、黑龙江、新疆等葵花籽主产区建设若干年加工原料10万吨以上项目，鼓励有条件的地区建设一线多能、多油料品种加工项目；依托主要稻谷加工区，建设若干年加工米糠3万吨以上米糠油项目；依托玉米深加工企业或玉米加工集中区，建设若干年处理玉米胚芽6万吨以上玉米油项目。

3. 发展目标

到2015年，食用植物油产量达到2440万吨，其中国产油料产油量提高到1260万吨；花生油、菜籽油、棉籽油、葵籽油、米糠油、油茶籽油等植物油产量比重明显提高。淘汰油料加工落后产能2000万吨左右，油料加工总产能控制在1.8亿吨以内，其中大豆油脂加工能力控制在0.95亿吨以内。

（三）肉类加工业

1. 发展方向与重点

进一步调整生产结构，稳步发展猪肉、牛羊肉和禽肉加工。优化肉类食品结构，提高冷鲜肉比重，扩大小包装分割肉的生产，加强肉、蛋制品的精深加工，实现"变大为小、变粗为精、变生为熟、变裸品为包装品、变废为宝、变害为利"，促进资源的综合利用。加强对名优传统肉类食品资源的挖掘，推动传统肉类禽蛋食品的工业化生产，提高产品质量，培育一批在国际市场上具有明显竞争优势的民族特色品牌。支持区域性骨干肉类食品企业整合产业供应链，实现规模化，扩大市场占有率。

2. 产业布局

结合大中城市屠宰企业的外移，利用原有屠宰厂的场地、设施，发展肉制品加工企业或物流企业。严格控制新增屠宰产能，原则上不再新建生猪、羊年屠宰量在20万头以下、牛年屠宰量在5万头以下、禽年屠宰量在2000万只以下的企业，限制年生产加工量3000吨以下的西式肉制品加工企业。推动畜禽主产区集中发展大型屠宰和加工骨干企业，主销区侧重发展肉制品加工、分割配送中心，减少活畜（禽）跨区域调运。依托优势产区，重点建设华东、华北、西南和东北四大生猪屠宰加工基地；华北、东北两大肉牛屠宰加工基地；河南、内蒙古及河北北部、西北和西南四大肉羊屠宰加工基地；中部和东部禽肉屠宰加工基地。禽蛋加工业。在粮食主产省区建设鸡蛋加工基地，在洞庭湖、鄱阳湖周边省区建设水禽蛋加工基地，在西南等地建立无公害、绿色放养禽蛋生产加工基地。

3. 发展目标

到 2015 年，肉类总产量达到 8500 万吨，肉类制品及副产品加工达到 1500 万吨，占肉类总产量的比重达到 17% 以上。全国手工和半机械化等落后生猪屠宰产能淘汰 50%，其中大中城市和发达地区力争淘汰 80% 左右。大中城市和大中型肉类屠宰加工企业全面推行 ISO 9000 和 ISO 22000 等管理体系。形成 10 家 100 亿以上的大企业集团，肉类行业前 200 强企业的生产和市场集中度达到 80%，培育出 2~3 个在国际上具有一定竞争力和影响力的肉类食品企业。

（四）乳制品工业

1. 发展方向和重点

加快乳制品工业结构调整，积极引导企业通过跨地区兼并、重组，淘汰落后生产能力，培育技术先进、具有国际竞争力的大型企业集团，改变乳制品工业企业布局不合理、重复建设严重的局面，推动乳制品工业结构升级。调整优化产品结构，逐步改变以液体乳为主的单一产品类型局面，鼓励发展适合不同消费者需求的特色乳制品和功能性产品，积极发展脱脂乳粉、乳清粉、干酪等市场需求量大的高品质乳制品，根据市场需求开发乳蛋白、乳糖等产品，延长乳制品加工产业链。

2. 产业布局

按照乳制品加工企业选址与奶源基地相衔接、企业规模与乳品生产能力相匹配、产业布局与需求市场相符合的原则，调整优化乳制品工业布局，发挥传统奶源地区的资源优势，加快淘汰规模小、技术落后的乳制品加工产能，推动形成特色鲜明、布局合理、协调发展的乳制品工业新格局。大城市周边产区。原则上不再布局新的加工项目。支持乳制品加工科技的研究与产业升级，率先实现乳业现代化；鼓励新型乳制品的开发，主要发展巴氏杀菌乳、酸乳等低温产品，适当发展干酪、奶油、功能性乳制品。东北、内蒙古产区。重点发展乳粉、干酪、奶油、超高温灭菌乳等，根据市场需要适当发展巴氏杀菌乳、酸乳等产品。严格控制建设同质化、低档次的加工项目，扶持建设有国际竞争力的大型项目。华北产区。合理控制加工项目建设，重点发展乳粉、干酪、超高温灭菌乳、巴氏杀菌乳、酸乳等。西北产区。合理控制加工项目建设。主要发展便于贮藏和运输的乳粉、干酪、奶油、干酪素等乳制品，适度发展超高温灭菌乳、酸乳、巴氏杀菌乳等产品，鼓励发展具有地方特色的乳制品。南方产区。根据原料奶资源情况，合理布局乳制品加工企业。主要发展巴氏杀菌乳、干酪、酸乳，适当发展炼乳、超高温灭菌乳、乳粉等乳制品，鼓励开发水牛乳加工等具有地方特色的乳制品。

3. 发展目标

到 2015 年，原料乳产量达到 5000 万吨，增长 33.4%；乳制品产量达到 2700 万吨，增长 15%，其中干乳制品（乳粉、炼乳、奶油、干酪素、乳糖等）产量 900 万吨，液体乳产量 1800 万吨。通过兼并、重组，培育形成一批年销售收入超过 20 亿元的骨干企业。乳制品加工能力闲置率控制在25%以内。

（五）水产品加工业

1. 发展方向与重点

加快产业优化升级。鼓励企业通过兼并、重组、联营等分工协作，推动水产加工企业向集团化发展，通过产学研联合等方式，促进企业科技创新能力提升；根据现有海洋渔业和水产养殖资源配量，利用区域优势建立水产加工园区，大力发展水产流通，打造产业品牌；开发和引进新工艺、新技术、新设备，提高加工保藏水平，逐渐完善水产品现代化物流体系；积极发展精深加工，生产营养、方便、即食、优质的水产加工品；挖掘海洋产品资源，加大水产品和加工副产物的开发利用力度，提高水产品附加值；实施水产加工产业结构调整和转型升级，引导水产加工企业重视节能环保，走可持续发展道路。利用现代食品加工技术，发展精深加工水产品，加快开发包括冷冻或冷藏分割、冷冻调理、鱼糜制品、罐头等即食、小包装和各类新型水产功能食品，鼓励企业建立标准化物流中心，重点开发、推广水产品保活保鲜运输技术，实施渔船保鲜、冷冻、冷藏贮运改造工程，建立符合我国国情的现代化水产品物流体系。提高水生生物资源和生产性资料的利用率，发展低能耗、低排放、低污染的环境友好型水产加工业。

2. 产业布局

坚持因地制宜、发挥比较优势。加快培育一批水产食品加工龙头企业，着力建设黄渤海、东南沿海、长江流域三个水产品出口加工优势产业带，鼓励黄渤海地区在巩固来料加工及对虾、贝类、海藻加工优势基础上，积极向海洋功能食品领域延伸；鼓励东南沿海地区在巩固鳗鲡、对虾、贝类、大黄鱼、罗非鱼、海藻加工优势基础上，大力发展远洋水产品和近海捕捞水产品精深加工；鼓励长江流域在巩固河蟹、斑点、鳗鲡、小龙虾、海藻加工优势基础上，大力发展精深加工和副产品高值化利用。引导和扶持内陆省份开展淡水产品加工。形成全国沿海一条线、内陆局域成片、产业一条链的水产品加工产业格局。

3. 发展目标

到2015年，水产品加工总产量达到6000万吨以上，水产品加工总产值达到3800亿元以上，年均增长10%以上。水产品加工率提高到45%以上，冷冻调理食品和分割小包装食品的比例占水产冷冻加工品的比例达到30%以上。培育形成年产值超20亿元、具有明显区域带动作用的水产品加工大型企业20家、超10亿元的100家。

（六）果蔬加工业

1. 发展方向与重点

大力发展果蔬汁和果蔬罐头。发展浓缩果蔬汁（浓缩苹果汁除外）、非浓缩还原（NFC）果蔬汁、复合果蔬汁、果蔬汁产品主剂等品种，积极发展柑橘、桃、菠萝、食用菌以及轻糖型罐头、混合罐头等产品，大力发展香菇、洋葱、大蒜、南瓜等脱水产品，扩大脱水马铃薯、甜玉米、洋葱、胡萝卜、豌豆等生产规模；稳步发展芋头、菠菜、毛豆、青刀豆等速冻蔬菜，增加速冻草莓、速冻荔枝、速冻杨梅等速冻水果的生产。加快发展果蔬物流。重点推广应用果蔬贮运保鲜新技术，开发新型果蔬保鲜剂、保鲜材料，果蔬质量与安全快速检测技术，发展果蔬冷链储运系统，建立果蔬物流信息平台，大力发展果蔬物联网，提高果蔬物流水平。

2. 产业布局

果蔬汁加工。在原料主产区发展浓缩果蔬汁（浆）等加工，主要消费区域发展果蔬汁终端产品，形成与消费需求相适应的产品结构。在新疆等西部地区发展番茄酱、浓缩葡萄汁，在河北、天津、安徽等地发展桃浆、浓缩梨汁，在重庆、湖北、四川等地发展浓缩柑橘汁与NFC柑橘汁，在海南、广西、云南等地发展热带果汁。果蔬罐头加工。在浙江、福建、湖南、山东、安徽、新疆、河北等传统生产省份，集中发展柑橘罐头、桃罐头、食用菌罐头、番茄罐头等的生产，加强副产物的综合利用、开发高附加值产品。充分考虑原料基地和产品市场两大因素，对加工业进行合理布局；脱水果蔬加工。重点在果蔬主产地及东南沿海地区发展脱水果蔬产业，建立脱水果蔬出口加工基地，同时向西部和东北地区发展，增强向南亚、中亚及俄罗斯等欧洲国家的出口能力，形成"优势品种、优势产区"的"双优"加工布局。速冻果蔬。在果蔬主产地及东南沿海地区，发展速冻果蔬产业，建立速冻果蔬出口加工基地，同时向东北、新疆、云南等边疆省份发展，形成环形发展布局。

3. 发展目标

到2015年，果蔬加工行业产值达到3000亿，果蔬汁产量达到300万吨，果蔬罐头产量超过200万吨。果蔬冷链运输量占商品果蔬总量的30%以上，水果平均加工转化率超过15%，其中苹果达到30%，蔬菜平均加工转化率达到5%以上。

（七）饮料工业

1. 发展方向与重点

积极发展具有资源优势的饮料产品。鼓励发展低热量饮料、健康营养饮料、冷藏果汁饮料、活菌型含乳饮料；规范发展特殊用途饮料和桶装饮用水，支持矿泉水企业生产规模化；大力发展茶饮料、果汁及果汁饮料、咖啡饮料、蔬菜汁饮料、植物蛋白饮料和谷物饮料。

加强自主品牌建设，支持优势品牌企业跨地区兼并重组、技术改造和创新能力建设，推动产业整合，提高产业集中度，增强品牌企业实力；积极开拓国际市场，提高自主品牌的知名度和竞争力；完善认证和检测制度，提高国际社会对我国检测、认证结果的认可度，树立自主品牌国际形象。

加快原料基地建设，建立高集中度、高水平、高标准、高酸度的苹果原料生产基地，满足高酸浓缩苹果汁加工的需求，改良柑橘品种、建设宜汁加工柑橘原料基地。

2. 产业布局

以水果、蔬菜及其他农产品为原料的饮料企业建立在原料产区，矿泉水企业建立在矿泉水矿区附近；茶粉、茶浓缩液主要布局在东南沿海和长江中下游地区；矿泉水产业主要布局在吉林、黑龙江、山东、四川、西藏、云南、福建、江西、广西、广东、海南。

3. 发展目标

到 2015 年，饮料总产量达到 1.6 亿吨，年均增长 10% 左右。产品结构更加合理，碳酸饮料、果蔬汁类饮料、包装饮用水、茶饮料、蛋白饮料、其他饮料产量的比例分别为 14∶15∶39∶13∶15∶3。

（八）制糖工业

1. 发展方向和重点

加快推进现代产业体系建设，以加强产业链各环节利益联系为核心，完善利益分配机制，促进行业协调发展，不断增强产业可持续发展能力。加强糖料生产规模化建设，加快糖料种植现代化步伐，依靠科技提高糖料单产和含糖量，推进农户种植合作化经营。加快产业结构调整步伐，稳步推进大集团战略，向规模化、集约化方向发展。普及推广新技术、新装备，推进清洁生产和节能减排，提高综合利用水平。加大行业标准制（修）订力度，提高产品质量，全面提升我国糖业的综合竞争力。加强政府对食糖市场的宏观调控，坚持"以国产食糖为主，适当进口食糖补充不足"的平衡原则，国产糖的自给率力争稳定在 85% 左右。

2. 产业布局

通过加快甜菜优良品种选育、规模化种植、水利化和机械化推广的步伐，促进甜菜糖恢复性增长，保持甜菜糖与甘蔗糖的协调发展。

南方蔗糖区。以广西、云南、湛江、海南为重点，积极推进企业间的整合重组，鼓励企业采用大型、节能、高效的生产设备，加快节能减排、综合利用等技术的推广应用，构建资源节约、环境友好型制糖工业。

北方甜菜糖区。重点扶持新疆、黑龙江、内蒙古等甜菜糖主产区，加大甜菜优良品种的推广工作力度，提高单产水平和含糖量；发挥现有企业集团的引领作用，提高制糖工业的综合竞争力。

3. 发展目标

到 2015 年，食糖产量 1600 万吨左右。日处理糖料能力达到 121 万吨，其中，甘蔗日处理糖料能力 105 万吨，甜菜日处理糖料能力 16 万吨；甘蔗糖标准煤消耗低于 5 吨/百吨原料，甜菜糖标准煤消耗低于 6 吨/百吨原料，化学需氧量排放总量比 2010 年下降 10%。

（九）方便食品制造业

1. 发展方向和重点

加快推进方便食品制造业的快速发展，重点发展冷冻冷藏、常温方便米面制品等主食食品，推进传统米面食品、杂粮和中餐菜肴的工业化。推进冷冻米面行业扩大规模，继续提高速冻食品产量，拓宽冷冻食品加工范围，鼓励冷冻调理食品、冷冻点心和营养型冷冻产品等新产品的发展。改进现有的产品工艺，提高行业节能水平；支持冷冻食品相关原料、食品添加剂、包装材料和物流系统的发展，促进整个冷冻食品产业链的同步协调发展。进一步发展常温方便主食产品，改变传统方便面高油脂和缺乏维生素、矿物质及纤维素等结构性营养问题，开发即食米饭、米粉、米线、馄饨、鲜湿面条等新产品和相关技术。提高产品质量，提升产品档次，改变常温方便食品产品同质化、低水平恶性竞争的局面。加快方便食品新产品开发，向多品种、营养化、高品质方向发展，积极发展风味独特、营养健康的休闲食品，开发风味多样、营养强化的焙烤食品，满足市场细分需求。

2. 产业布局

按照靠近原料产地、重点销区以及交通条件优越、具有良好物流配套条件的原则，以市场为导向，优化调整方便食品加工业布局，鼓励加工企业更多地向中西部地区布局。大城市周边产业区，包括京津地区、长三角地区和珠三角地区，鼓励高附加值、高品质和功能化的方便主食以及中餐菜肴的发展，鼓励休闲食品的发展。中原地区，以河南为重点发展面粉原料为主的方便主食和杂粮食品。东北、长江中下游地区，发展以稻米为主的方便主食食品、三餐食品和休闲食品。华北、西北和西南地区，发展以杂粮为主的休闲食品、副食以及三餐食品。

3. 发展目标

到 2015 年，方便食品制造业产值规模达到 5300 亿，年均增长 30%，其中冷冻米面食品行业、方便面、其他常温方便主食、方便休闲食品等行业销售收入分别达到 1200 亿元、1000 亿元、800 亿元和 1000 亿元。形成 10 个销售收入超过 100 亿元的大型方便食品加工企业集团。

（十）发酵工业

1. 发展方向与重点

努力提高非粮原料比重，减少玉米等粮食原料的消耗量。积极发展高附加值新产品，加快开发拥有自主知识产权的食品行业专用酶制剂，适度发展发酵法生产小品种氨基酸（赖氨酸、谷氨酸除外）、新型酶制剂（糖化酶、淀粉酶除外）、多元醇、功能性发酵制品（功能性糖类、真菌多糖、功能性红曲、发酵法抗氧化和复合功能配料、活性肽、微生态制剂）等生产。推进高附加值氨基酸、有机酸、特种功能发酵制品、新型香精香料和多元醇等产品的产业化；推动食品配料及添加剂等产品生物制造工艺的改造升级，培育新型食品配料及添加剂、新型酶制剂、新型生物基材料等生物制造新产品。继续抓好节能减排，研究生物转化途径及绿色制造工艺，改造高耗能、高耗水、污染大、效率低的落后工艺和设备，推广应用离心清液回收、糟液全糟处理等节能减排技术，大幅度减少污染物的产出和排放，降低能耗和水耗，推进清洁生产和循环发展。加快淘汰落后产能，重点限制 5 万吨/a 以下且采用等电离交提取工艺的味精生产线、2000 吨/a 以下的酵母加工项目和年加工玉米 30 万吨以下、总干收率在 98% 以下玉米淀粉湿法生产线；重点淘汰 3 万吨/a 以下味精生产装置，2 万吨/a 以下柠檬酸生产装置，年处理 10 万吨以下、总干物收率 97% 以下的玉米淀粉湿法生产线和年产 3 万吨以下酒精生产线。

2. 产业布局

推动发酵产业由中东部和沿海地区向东北、内蒙古及中西部资源优势明显、能源丰富的地区转移，建设与资源相匹配的发酵工业基地。加快对山东、内蒙古氨基酸，山东有机酸和淀粉糖，湖南、湖北酶制剂，湖北、广西酵母，浙江功能性生物制品等行业的兼并重组和技术提升改造。

3. 发展目标

到 2015 年，发酵工业总产值达 4600 亿元以上，年均增长率达 15% 以上；培育 5 家销售收入超过 100 亿元的发酵工业企业，10 家以上销售收入超过 50 亿的发酵工业企业；非粮原料所占比重由 5% 提高到 15% 左右；以功能糖、多元醇、酶制剂等为代表的高成长性、高附加值发酵制品比重由 60% 提高到 70% 以上，味精、柠檬酸等产品比重由 24% 下降到 18% 以下。

（十一）酿酒工业

1. 发展方向与重点

优化酿酒产品结构，重视产品的差异化创新。针对不同区域、不同市场、不同消费群体的需求，精心研发品质高档、行销对路的 41 品种，宣传科学知识，倡导健康饮酒。注重挖掘节粮生产潜力，推广资源综合利用，大力发展循环经济，推动酿酒产业优化升级。按照"控制总量、提高质量、治理污染、增加效益"的原则，在确保粮食安全的基础上，鼓励白酒行业通过改造升级，加快淘汰落后产能，优化产品结构，完善质量保障体系，提高产品质量安全水平；逐步增加高附加值啤酒产品比例，啤酒风味向多元化、多品种等个性化方向发展，鼓励中小型啤酒企业生产特色啤酒；注重葡萄酒原料基地建设，逐步实现产品品种多样化，促进高档、中档葡萄酒和佐餐酒同步发展；加快改良露酒产品，使其更贴近大众偏爱的消费口味；根据水果特性，生产半甜型、甜型等不同类型的果酒产品；扩大黄酒行业干型、半干型产品产量，适度发展甜型、半甜型产品，研发适宜北方地区的创新产品。

2. 产业布局

依托原料禀赋、能源优势建设酿酒工业生产基地；培育优质酿酒原辅料产区，推动西部原料产区建设；继续推动酿酒企业进入资本市场，优化多种所有制并存的产业经济格局；支持企业通过收购、控股、并购、重组、强强联合，形成集团化、规模化的大型酿酒企业集团，提高产业集中度和企业竞争力。大力推动酿酒产业集群建设，积极建立酿酒生产园区，鼓励和规范酿酒产业特色区域的发展。

3. 发展目标

到 2015 年，销售收入达到 8300 亿元，年均增速达到 10% 以上；酒类产品产量年均增速控制在 5% 以内，非粮原料（葡萄及其他水果）42 酒类产品比重提高 1 倍以上。

（十二）食品添加剂和配料工业

1. 发展方向和重点

加快产业整合，鼓励企业通过兼并重组等手段，提高产业集中度，改变食品添加剂和配料行业企业规模小、产业布局分散的局面，加快产业向规模化、集约化、效益化方向发展；通过产业技术创新战略联盟等形式，加强产学研结合，提高产业自主创新能力；加大产业技术改造力度，促进产业技术升级；加快发展功能性食品添加剂，鼓励和支持天然色素、植物提取物、天然防腐剂和抗氧化剂、功能性食品配料等行业的发展，继续发展优势出口产品。重点利用生物工程技术提高酶制剂、生物发酵制品等行业的技术水平，利用膜分离、分子蒸馏、色谱分离等现代分离提取技术，提高提取物产品质量，利用高新技术提高化学合成产品的纯度。集成、使用现代化成套设备，提高企业自动化水平，推动产业整体技术进步；加快提高污染治理水平和综合利用能力，鼓励企业建设检验检测中心，提高产品的全程检测控制能力。

2. 产业布局

继续发挥上海、广东、浙江、江苏、山东等沿海地区的技术优势，将食用香精、功能糖制造等优势产业做大做强，进一步突出特色，增强规模优势和品牌效应。利用东北、华北、西北等地区的原料及能源优势，发展黄原胶、变性淀粉、氨基酸、有机酸等产品，培育一批在国际上占主导地位的龙头企业。利用新疆、云南、河北、江西、安徽等特色原料优势，发展色素、甜菊糖等天然植物提取物产业。

3. 发展目标

到2015年，食品添加剂制造业总产值达到1100亿元，产品产量达到1100万吨，年均增长10%以上。形成10个具有知名品牌、产值达20亿~50亿元的大型企业（集团）。建设5个产品特色鲜明、规模效益突出的食品添加剂和食品配料产业基地。

（十三）营养与保健食品制造业

1. 发展方向与重点

开展食物新资源、生物活性物质及其功能资源和功效成分的构效、量效关系以及生物利用度、代谢效应机理的研究与开发，提高食品与保健食品及其原材料生产质量和工艺水平，发挥和挖掘我国特色食品原料优势。大力发展天然、绿色、环保、安全有效的食品、保健食品和特殊膳食食品；以城乡居民日常消费为重点，开发适合不同人群的营养强化食品，孕妇、婴幼儿及儿童、老人、军队人员、运动员、临床病人特殊膳食食品，以及用于补充人体维生素、矿物质的营养素补充剂；结合传统养生保健理论，充分利用我国特有动植物资源和技术开发具有民族特色和新功能的保健食品。调整产业结构，改变企业规模小、技术水平低、产品同质化等状况。加强技术创新和成果转化，提高产业科技水平，提升企业核心竞争力。

2. 产业布局

在长三角、珠三角、环渤海等地区，重点研发和生产优质蛋白食品、膳食纤维食品、特殊膳食食品、营养配餐和新功能保健食品等；在中西部地区，重点培育和发展保健食品和营养强化食品，建设特殊膳食食品原材料基地，推动原料资源优势向产业优势转化。

3. 发展目标

到2015年，营养与保健食品产值达到1万亿元，年均增长20%；形成10家以上产品销售收入在 100 亿元以上的企业，百强企业的生产集中度超过 50%。

六、政策措施

（一）严格市场准入

乳制品项目继续从严核准，玉米深加工项目继续实行核准制，大豆压榨及浸出项目从严控制。提高市场准入门槛，对大米加工、小麦粉加工、食用植物油加工、肉及肉制品加工、饮料、水产品、果蔬加工等关系国计民生的敏感行业制定严格的行业准入条件。

（二）发挥政府作用

继续发挥中央和地方财政对食品工业的引导和支持作用，支持关键技术创新与产业化、重点装备自主化、食品及饲料安全检（监）测能力建设、节能减排和资源综合利用、食品加工产业集群以及自主品牌建设等重点项目建设。完善农业结构调整资金、粮食风险基金、农业综合开发、中小企业发展专项资金等资金投向和项目选择协调机制，提高资金使用效率。中小企业发展专项资金等继续支持食品加工企业。

（三）推进节能减排

制定和实施重污染食品工业污染防治最佳可行技术导则，有效引导企业实施清洁生产、节能减排，发展循环经济。尽快研究制定淘汰落后产能的实施细则，明确淘汰标准，量化淘汰指标，加大重点食品行业淘汰落后产能力度，解决好职工安置、企业转产、债务化解等问题，促进社会和谐稳定。制定食品行业综合利用高浓度废水、污泥等废弃物的鼓励政策，积极支持利用"三废"（废液、废渣、废气）生产生物质能源及综合利用。

（四）强化安全监管

加大对食品安全监测能力建设的支持，健全食品质量安全监管体系，完善食品质量追溯制度，加强食品标准体系建设。按照食品安全监管和食品安全风险监测的需要，配备适用的检验检测设备，特别要加强基层相关部门检（监）测能力建设，支持食品安全检验设备自主化，推进我国检验设备产业化发展；配备与培训符合要求的检测专业人员，保障各监管部门及食品安全风险监测机构的检测设备维护和人员培训等经费。

（五）维护产业安全

严格按照《外商投资产业指导目录》和项目核准有关规定，加强对豆油、菜籽油、花生油、棉籽油、茶籽油、葵花籽油、棕榈油等食用油脂加工、玉米深加工等行业外资准入管理。做好外资并购境内重要农产品企业安全审查工作。依法运用反倾销、反补贴、保障措施等贸易救济措施保护国内食品产业安全。

（六）促进境外投资

支持有条件的企业通过绿地投资、并购、参股、交叉换股等多种方式，到境外投资建设原料生产基地、生产工厂、物流设施、购销网络、装备等产业。鼓励国内银行在风险可控的前提下，通过出口信贷、项目融资、并购贷款等多种方式，对境外投资给予信贷支持。加强境外投资相关信息服务，出台海关、商检、人员出入境等方面便利化措施。

（七）提高企业诚信

加强社会信用管理体系建设，加快推进食品工业企业诚信体系建设，引导和支持企业建立诚信制度、实施国家标准；发挥行业协会在诚信体系建设工作中的积极作用，组织企业参与诚信评价活动，做好行业质量诚信宣传，严格行业自律；积极支持企业诚信体系必备的基础设施建设，鼓励社会资源向诚信企业倾斜，在政府采购、招投标管理、公共服务、项目核准、技术改造、融资授信、社会宣传等环节参考使用企业诚信相关信息及评价结果，对诚信企业给予重点支持和优先安排。

（八）引导健康消费

倡导适度加工。加强食品安全、食品营养知识和健康消费模式的宣传、普及，加强中小学生食品营养科普教育，增强全社会健康消费意识，引导合理饮食，促进科学消费、健康消费。

七、规划实施

国务院有关部门要结合规划任务与政策措施，加强沟通，密切配合，确保规划顺利实施，要适时开展规划的中期评估和后评价工作，及时提出评价意见。食品工业重点地区要按照规划确定的目标、任务和政策措施，结合当地实际情况，制定本地区食品工业发展规划并认真组织实施。规划实施过程中出现的新情况、新问题要及时报送国家发展改革委与工业和信息化部等有关部门。

附录 D 关于促进玉米深加工业健康发展的指导意见

国家发展和改革委员会

2007 年 9 月

前 言

玉米是我国三大主要粮食作物之一，用途广、产业链长，不仅可以作为食品和饲料，还是一种重要的可再生的工业原料，在国家粮食安全中占有重要的地位。以玉米为原料的加工业包括食品加工业、饲料加工业和深加工业等三个方面，其中玉米深加工业是指以玉米初加工产品为原料或直接以玉米为原料，利用生物酶制剂催化转化技术、微生物发酵技术等现代生物工程技术并辅以物理、化学方法，进一步加工转化的工业。

"十五"以来，我国玉米深加工业也呈现快速增长的态势，对带动农业结构调整、加快产业化经营、调动农民种粮积极性、稳定玉米生产、促进农民增收等具有积极的作用。但是，近年来玉米深加工业在发展过程中也出现了加工能力盲目扩张、重复建设严重的情况，一些主产区上玉米深加工项目的积极性高涨，新建、扩建或拟建项目合计产能增长速度大大超过玉米产量增长幅度，导致了外调原粮数量减少，并影响到饲料加工、禽畜养殖等相关行业的正常发展。如果玉米深加工产业不考虑国内的资源情况而盲目发展，将会产生一系列不利影响。

为防止一哄而上、盲目建设和投资浪费，严格控制玉米深加工过快增长，实现饲料加工业和玉米深加工业的协调发展，保障国家食物安全，特制定《关于促进玉米深加工业健康发展的指导意见》。

一、我国玉米加工业发展现状及面临的形势

（一）发展现状

"十五"期间我国玉米消费量从 2000 年的 1.12 亿吨增长到 2005 年的 1.27 亿吨，年均增长 2.5%。2006 年国内玉米消费量（不含出口）为 1.34 亿吨，比 2005 年增长 5.5%；其中，饲用消费 8400 万吨，占国内玉米消费总量的 64.2%，比重呈下降趋势；深加工消耗玉米 3589 万吨，占消费总量的 26.8%，比重呈增长趋势；种用和食用消费相对稳定。特别需要注意的是，近两年来随着化石能源在全球范围内的供应趋紧，以玉米淀粉、乙醇及其衍生产品为代表的玉米深加工业发展迅速，成为农产品加工业中发展最快的行业之一，并表现出如下特点。

一是深加工消耗玉米量快速增长。2006 年深加工业消耗玉米数量比 2003 年的 1650 万吨增加了1839万吨，累计增幅117.5%，年均增幅高达29.6%。

二是企业规模不断提高。玉米加工企业通过新建、兼并和重组等方式，提高了产业集中程度，出现了一批驰名中外的大型和特大型加工企业，拥有玉米综合加工能力亚洲第一、世界第三且在多元醇加工领域拥有核心技术的大型企业。

三是产品结构进一步优化。玉米加工产品逐渐由传统的初级产品淀粉、酒精向精深加工扩展，氨基酸、有机酸、多元醇、淀粉糖和酶制剂等产品所占比重不断扩大，产业链不断延长，资源利用效率不断提高。

四是产业布局向原料产地转移的趋势明显。2006年，东北三省、内蒙古、山东、河北、河南和安徽等8个玉米产区深加工消耗玉米量合计2965万吨，占全国深加工玉米消耗总量的82.6%。

五是对种植业结构调整和农民增收的带动作用日益增强，玉米种植面积保持稳定增长。以玉米深加工转化为主导的农产品加工业已发展成为玉米主产省区的支柱产业和新的经济增长点，有效缓解了农民卖粮难问题，促进了农民增收。

表D-1 2006年以玉米为原料的深加工主要产品及玉米消耗量

单位：万吨

行业	产品	产量	玉米消耗量
淀粉加工产品	发酵制品	460	1069
	淀粉糖	500	850
	多元醇	70	120
	变性淀粉	70	120
	其他医药、化工产品等		150
酒精	食用酒精	174	560
	工业酒精	142	448
	燃料乙醇	85	272
合计			3589

（二）存在问题

玉米加工业存在的问题主要集中深加工领域，主要体现在以下几个方面。

一是玉米深加工产能扩张过快，增长幅度超过玉米产量增长水平。"十五"期间，我国玉米深加工转化消耗玉米数量累计增长94%，年均增长14%；而同期玉米产量仅增长了31%，年均增长率仅为4.2%，远低于工业加工产能扩张的速度。部分主产区玉米深加工项目低水平重复建设现象严重，一些产区已经出现加工能力过快扩张、原料紧张的倾向。

二是企业多为粗放型加工,初级产品多,产品结构不合理,部分小型企业加工转化效率低,资源综合利用率不高。

三是部分企业不搞循环经济,污染比较严重。目前,全国年产3万吨或以下的小型玉米淀粉加工企业占20%左右,很多企业工艺技术水平不高,又不搞循环经济、环保工程,成为新的污染源。

四是专用玉米生产基地不足,贸、工、农一体化的产业化经营格局尚未真正形成,玉米种植标准化水平低,影响玉米深加工企业的效益。

适度发展玉米深加工产业,对调动农民种粮积极性、稳定玉米生产、促进农民增收、推动地方经济发展是有积极的促进作用的。但是,我国人多地少的基本国情,决定了在今后一个相当长的时期内,我国粮食产需紧平衡的态势不会改变。如果玉米深加工产业发展不考虑国内的资源情况而盲目扩张,将会产生一系列负面影响。一是可能会打破国内玉米供求格局,东北地区调出玉米量将大大减少,使南方主销区的饲料原料从依靠国内供给转为依靠进口,增加国家食物安全风险;二是玉米是最主要的饲料原料,玉米深加工业过度发展会挤占饲料玉米的供应总量,进而影响到肉禽蛋奶等人民生活必需品的正常供应;三是导致市场竞争更加激烈,加工企业将面临更大的风险,不仅影响玉米深加工业的健康发展,而且会造成玉米供求关系变化和价格波动,直接影响农民收入;四是玉米价格上涨将改变与稻谷、小麦、大豆等粮食作物的正常比价,继而影响粮食种植结构的合理化;五是引发国际粮价的波动。如果中国开始大量进口玉米,将改变全球玉米供求格局,国际玉米价格可能出现较大幅度的波动。

(三) 面临的形势

1. 国内玉米产量增长缓慢,原料问题将成为玉米加工业发展的瓶颈

"十一五"期间我国粮食消费将继续保持刚性增长,而受耕地减少、水资源短缺等因素制约,粮食生产持续保持较大幅度增产的可能性不大,粮食供求将处于紧平衡状态。从玉米的产需形势看,预计到2010年国内玉米产量为1.5亿吨左右,比2006年增长3.5%;国内玉米需求将超过1.5亿吨,较2006年增长14.3%,产需关系将处于紧平衡的态势。

2. 国际市场供需将持续偏紧,依靠进口补足国内缺口的难度较大

2006年全球玉米产量约为6.9亿吨,预计2010年将增长到8.2亿吨;消费量约7.2亿吨,预计2010年将达到8亿吨左右,在多数年份中玉米产量低于消费量。产销矛盾反映到库存上,将使全球库存持续处于较低水平。2006年全球玉米库存为9300万吨,为过去20年来的最低水平;预计2010年全球玉米库存为9471万吨,仍将是历史较低水平。从玉米贸易看,2006年全球玉米贸易量为7891万吨,预计2010年将增至8390万吨,趋势上虽然增长,但数量很小。预计未来3年全球玉米供求将处于紧平衡的格局,全球玉米贸易增长有限,低库存将成为一种常态,我国难以依靠国际市场解决国内深加工原料不足问题。

3. 深加工业与饲料养殖业争粮的矛盾将更加突出

根据当前国内肉蛋奶的消费现状与未来发展趋势，预测 2010 年养殖业对饲用玉米的需求量将达到 1.01 亿吨，"十一五"期间预计年均增长 4.7%。我国的养殖结构为猪肉占 55%，肉禽和蛋禽占 38%，反刍类和水产类占 7%，因此未来养殖业对饲料的需求增长主要体现在生猪和禽类上。提供均衡营养的饲料一般由 60% 的能量原料和 25% 的蛋白类原料构成，玉米是最好的能量原料。从饲料投喂方式看，猪肉和肉禽、蛋禽饲料生产中要添加 60% 的玉米，才能最佳发挥饲料效力。玉米深加工中的副产品玉米蛋白粉（DDGS）是一种蛋白类原料，它与玉米不具有替代性。

肉蛋奶等养殖产品与人民群众的日常生活息息相关，其供应状况关乎国计民生和社会稳定，应给予优先发展。但是，由于饲料养殖业的产品附加值一般低于玉米深加工业，在原料竞争中往往处于劣势。如何保证饲料养殖业对玉米原料的需求，从而保障国家食物安全，是玉米深加工业发展需要处理好的重大关系。

二、指导思想和基本原则

（一）指导思想

贯彻落实科学发展观，按照全面建设小康社会和走新型工业化道路的要求，以保障国家食物安全和提高资源利用效率为前提，以满足国内市场需求为导向，严格控制玉米深加工盲目过快发展，合理控制深加工玉米用量的增长速度和总量规模，优先保证饲料加工业对玉米的需求，促进玉米深加工业健康发展；推进玉米深加工业结构调整和产业升级，提高行业发展总体水平；优化区域布局，形成重点突出、分工明确、各有侧重的发展格局；推动产业化经营，引导优质专用玉米基地建设，反哺农业生产；发展循环经济，延伸资源加工产业链，提高综合利用水平。

（二）基本原则

一是控制规模，协调发展。严格控制玉米深加工项目盲目投资和低水平重复建设，坚决遏制过快发展的势头，使其发展与国内玉米生产能力相适应。

二是饲料优先，统筹兼顾。在充分保证饲料养殖业、食用和生产用种对玉米需求的基础上，根据剩余可用玉米数量适度发展深加工业，确保饲用、食用和生产用种玉米供应安全。

三是合理布局，优化结构。优化饲料加工业和玉米深加工业布局，在确保东北地区及内蒙古作为商品玉米产区地位不动摇的前提下，积极发展饲料加工业，适度发展深加工业。

四是立足国内，加强引导。玉米加工产业发展应以满足国内市场需求为基本思想，加强对玉米初加工及部分深加工产品出口的必要控制，避免加剧国内玉米资源的短缺局面。同时，鼓励适度进口一定数量的玉米，以满足国内市场需求。

五是循环经济，综合利用。坚持循环经济的理念，加快玉米深加工业的结构调整，坚持上规模上水平，提高资源利用水平和效益，减少污染物排放，降低单位产品能耗、物耗。

三、总体目标

通过政策引导与市场竞争相结合，加快产业结构、产品结构和企业布局的调整，淘汰一批落后生产力，提高自主创新能力，提升行业的技术和装备水平，形成结构优化、布局合理、资源节约、环境友好、技术进步和可持续发展的玉米加工业体系。"十一五"时期主要目标如下。

（1）保持协调发展。"十一五"时期饲料玉米用量的年增长率保持4.7%左右；控制深加工玉米用量的增长，保持基本稳定。

（2）用粮规模控制在合理水平。玉米深加工业用粮规模占玉米消费总量的比例控制在26%以内。

（3）区域布局更加合理。以东北和华北黄淮海玉米主产区为重点，加强玉米生产基地和加工业基地建设。到2010年东北三省及内蒙古玉米输出总量（不含出口）力争不低于1700万吨，输出总量占当地玉米产量的比重不低于30%。

（4）产业结构不断优化。企业规模化、集团化进程加快，资源进一步向优势企业集中，骨干企业的国际竞争力明显增强。

（5）基本建立起安全、优质、高效的玉米深加工技术支撑体系和监管体系，可持续发展能力增强。

（6）玉米利用效率显著提高，副产物得以综合利用，产业链不断延长。到2010年，深加工单位产品原料利用率达到97%以上，玉米消耗量比目前下降8%以上。

（7）资源消耗逐步降低，污染物全部达标排放。单位产值能耗降低20%，单位工业增加值用水量降低30%，玉米加工副产品及工业固体废物综合利用率达到95%以上，主要污染物排放总量减少15%。

四、行业准入

根据"十一五"期间我国食品工业、饲料养殖业发展的目标，结合未来4年农业产量增长前景，从行业准入、生产规模、技术水平、资源利用与节约、环保要求、循环经济等方面，对玉米深加工业的发展严格行业准入标准。

（一）建设项目的核准

调整现行玉米深加工项目管理方式，实行项目核准制。所有新建和改扩建玉米深加工项目，必须经国务院投资主管部门核准。

将玉米深加工项目，列入限制类外商投资产业目录。试点期间暂不允许外商投资生物液体燃料乙醇生产项目和兼并、收购、重组国内燃料乙醇生产企业。

基于目前玉米深加工业发展的状况，"十一五"时期对已经备案但尚未开工的拟建项目停止建设；原则上不再核准新建玉米深加工项目；加强对现有企业改扩建项目的审查，严格控制产能盲目扩大，避免低水平项目建设。

（二）产品结构调整方向

"十一五"期间，玉米深加工结构调整的重点是提高淀粉糖、多元醇等国内供给不足产品的供给；稳定以玉米为原料的普通淀粉生产；控制发展味精等国内供需基本平衡和供大于求的产品；限制发展以玉米为原料的柠檬酸、赖氨酸等供大于求、出口导向型产品，以及以玉米为原料的食用酒精和工业酒精。

（三）企业资格

从事玉米深加工的企业必须具备一定的经济实力和抗风险能力，而且诚实守信、社会责任感强。现有净资产不得低于拟建项目所需资本金的2倍，总资产不得低于拟建项目所需总投资的2.5倍，资产负债率不得高于60%，项目资本金比例不得低于项目总投资35%，省级金融机构评定的信用等级须达到AA。

（四）资源节约与环境保护

现有玉米深加工企业要在资源利用、清洁生产、环境保护等方面达到行业国内先进水平。为加快结构调整进行的改扩建项目的原料利用率必须达到97%以上、淀粉得率68%以上，主要行业的能耗、水耗、主要污染物排放量等技术指标按照相关标准执行。

表 D-2　新建、扩建玉米深加工项目的能耗、水耗等指标要求

行业	产品	玉米消耗（吨/吨产品）	能源消耗（吨标准煤/吨产品）	水消耗（吨/吨产品）
淀粉	淀粉	≤1.5	≤0.9	≤8
发酵制品	味精	≤2.5	≤2.8	≤100
	柠檬酸	≤1.8	≤2.5	≤40
	乳酸	≤2.1	≤2.5	≤60
淀粉糖	酶制剂	≤3.0	≤2.0	≤10
	葡萄糖	≤1.7	≤0.9	≤14
	麦芽糖	≤1.7	≤0.8	≤14
多元醇	山梨醇	≤1.7	≤1.5	≤25
酒精	酒精	≤3.15	≤0.7	≤40

五、区域布局

（一）饲料加工业布局

改革开放以来，受到经济发展水平影响，我国猪、禽养殖业主要集中在东部沿海和中部粮食主产区。与此相对应，我国饲料加工业也主要分布在这些地区。2005年，东部沿海十省市和中部六省肉类产量和工业饲料产量占全国的比重分别为61.9%和64.3%，东北三省为10.1%和14.4%，西部地区12省区市为28.0%和21.3%。从发展趋势看，随着近几

年来东北地区畜牧业发展速度的加快,加上越来越多的东部沿海饲料加工企业到东北等玉米主产区投资办厂,东北等玉米主产区饲料加工业的地位将提高。

"十一五"时期,在稳定东部沿海的同时,稳步提高中部的发展水平,积极发展东北和西部玉米产区的饲料加工业。东部沿海地区和大城市郊区重点发展高附加值、高档次的饲料加工业、添加剂工业和饲料机械工业;东北和中部地区积极发展饲料原料和饲料加工业,加快粮食转化增值;西南山地玉米区、西北灌溉玉米区和青藏高原玉米区要建立玉米饲料生产基地,加快发展玉米饲料加工业。有条件的地方要充分利用边际土地发展青贮玉米。

(二)深加工业布局

"十一五"时期,重点是优化产业布局,调整企业结构,延长产业链,培育产业集群,提高现有企业的竞争力。对于严重缺乏玉米和水资源的地区、重点环境保护地区,不再核准玉米深加工项目。主要行业的布局见表 D-3。

表 D-3 玉米深加工业区域布局的结构调整方向

行业	区域布局
淀粉	以山东、吉林、河北、辽宁等 4 省为主,重点是用于造纸、纺织、建筑和化工等行业需要的高附加值的特种变性淀粉,稳定以玉米为原料的普通淀粉生产
淀粉糖	以山东、河北、吉林为主,重点是作为食糖补充的固体淀粉糖,以及用作食品配料的多元醇(糖醇)
发酵制品	以山东、安徽、江苏、浙江等省为主,重点是进口替代的食品和医药行业需要的小品种氨基酸和其他新的发酵制品,不再新建或扩建柠檬酸、味精、赖氨酸、酒精等项目
多元醇	以吉林、安徽现有企业和规模进行试点,不再新建或改扩建其他化工醇项目,并结合国内玉米供需状况稳定发展
燃料乙醇	以黑龙江、吉林、安徽、河南等省现有企业和规模为主,按照国家车用燃料乙醇"十一五"发展规划的要求,不再建设新的以玉米为主要原料的燃料乙醇项目

六、政策措施

针对玉米加工业存在的问题,要采取综合性措施,加强对玉米深加工业的宏观调控,实现饲料加工业和玉米深加工业的协调发展,确保国家食物安全。

(一)加强对新建、扩建项目宏观调控,全面清理在建、拟建项目各地区、各有关部门要按照国家发展改革委下发的《国家发展改革委关于加强玉米加工项目建设管理的紧急通知》和《国家发展改革委关于清理玉米深加工在建、拟建项目的紧急通知》的文件精神,立即停止备案玉米深加工项目,对在建、拟建项目进行全面清理。对已经备案但尚未开工的拟建项目,停止项目建设;对不符合项目土地审批、环境评价、城市规划、信贷政策等方面规定的项目，要暂停建设，限期整改，并将整改情况报国家发展改革委。

（二）科学规划，加强政策指导

玉米主产区要从保障国家粮食安全的全局利益出发，统筹规划本地区玉米生产、饲料加工业和深加工业的发展，严格控制玉米深加工业产能规模盲目扩张，使之与《食品工业"十一五"发展纲要》和《饲料加工业"十一五"发展规划》相衔接，并由国家发展改革委对各地规划进行必要的指导，以加强对玉米加工业发展的宏观调控。

（三）保持玉米食用消费、饲料和深加工的协调发展

对不同类型玉米加工业，实施区别对待的发展政策。一是鼓励发展玉米食品加工业，开发玉米食品加工新技术、新产品，提高产品科技含量和附加值，提高粮农和企业的经济效益。二是稳步发展饲料加工业，不断开发优质高效的饲料产品，提高饲料的质量安全水平，确保畜牧业发展对玉米饲料的要求。三是适度发展玉米深加工业，鼓励发展高附加值产品，限制发展供给过剩和高耗能、低附加值的产品以及出口导向型产品，严格控制深加工消耗玉米数量。

（四）加快产业结构调整

严格执行《促进产业结构调整暂行规定》和《产业结构调整指导目录》，淘汰低水平、高消耗、污染严重的企业，尤其是没有污水处理设施的小型淀粉和淀粉糖（醇）企业。完善产业组织形式，形成以大型企业为主导、中小企业配套合理的产业组织结构。积极培育大型玉米加工企业，推动结构调整，提高行业发展水平。鼓励和支持具有一定生产规模、市场前景看好、发展潜力大的国内玉米加工企业，通过联合、兼并和重组等形式，发展若干家大型企业集团，提高产业的集中度和核心竞争力。鼓励和引导玉米加工企业加强科技研发，增强自主创新能力，提高产品质量和档次，提升产业发展的整体水平。

（五）适当调整玉米及加工产品进出口政策

各地区原则上要减少玉米出口，以保证国内供求平衡。建立灵活的玉米进出口数量调节制度，在保证国内玉米生产稳定的条件下，东南沿海玉米主销区在国际市场玉米价格较低时，可适当进口部分玉米，满足国内饲料加工业的需求。研究完善玉米初加工产品和部分深加工产品的出口退税政策。具体产品名录另行规定。

（六）推进行业技术进步

加强科技研发，增强自主创新能力，不断提高产业的整体技术水平，实现产业升级。支持玉米加工业共性关键技术装备研发。重点支持玉米保质干燥、精深加工关键技术、新产品开发和重点装备的研发工作。氨基酸行业要淘汰传统工艺和产酸低的微生物，确保菌种发酵的综合技术水平达到国际先进水平；废物全部利用生产蛋白饲料或生物发酵肥，减少外排废水中的COD值，全部达标排放。有机酸行业要淘汰钙盐法提取工艺，缩短发酵周期10%，提高产酸率和总收得率，降低电耗和水耗。淀粉糖行业要采用新型的高效酶制剂、膜和色谱分离技术，开发水、汽和热能的循环利用工艺。多元醇行业要应用现代生物技术开发国内急需的二元醇新产品，降低吨产品的玉米原料消耗和能源消耗。酒精行业要

淘汰高温蒸煮工艺、稀醪酒精发酵、常压蒸馏等工艺；鼓励采用浓醪发酵、耐高温酵母等新技术，提高玉米综合利用水平。

（七）提高资源综合利用效率

坚持循环经济的理念，对加工过程中产生的副产品尽可能回收，原料利用率达到97%以上。延长加工产业链，提高玉米转化增值空间。降低资源消耗，走资源节约型发展道路。坚持清洁生产，实现污染物达标排放，建设环境友好型的玉米加工产业。

（八）大力开发饲料资源，提高保障能力

实施"青贮玉米饲料生产工程"，扩大"秸秆养畜示范项目"实施范围，建设青贮玉米饲料生产基地，促进秸秆资源的饲料化利用，降低饲料粮消耗。积极开发蛋白质饲料资源，充分利用动物血、肉、骨等动物屠宰下脚料和食品加工副产品，提高农副产品利用效率。

（九）增强扶持力度，鼓励玉米生产

继续实施各项支农惠农政策，稳定发展玉米生产，继续实施玉米良种补贴政策，加大对玉米优良品种种植技术的科研和推广力度，加强以中低产田改造为重点的农业生产能力建设，通过提高单产水平不断提高玉米产量。根据加工业对原料的需求，调整玉米种植结构，发展鲜（糯）玉米、饲料玉米、高油玉米、蜡质玉米、高直链玉米等优质、专用玉米生产基地。

（十）鼓励玉米加工企业"走出去"，开拓国际资源

积极参与世界粮食市场竞争，充分利用全球土地资源，通过融资支持、税收优惠、技术输出等国家统一制定的支持政策，鼓励玉米加工企业到周边、非洲、拉美等国家和地区建立玉米生产基地，发展玉米加工和畜禽养殖业，延伸国内农业生产能力，减少国内粮食生产的压力。

（十一）发挥中介组织作用，加强行业运行监测分析

充分发挥行业协会和其他中介组织在协助项目审查、信息统计、行业自律、技术咨询、法律规范与标准制定等方面的作用，协助政府及时、准确、全面地把握行业运行和投资情况，为国家宏观调控提供科学依据。

附：相关术语注释

（1）玉米加工业是指以玉米为原料的加工业。按照产品的用途，玉米加工业可分为食品加工、饲料加工和工业加工等3个方面；按照加工的程度，可分为初加工（以称为一次加工）和深加工。

（2）玉米深加工产业是指以玉米初加工产品为原料或直接以玉米为原料，利用生物酶制剂催化转化技术、微生物发酵技术等现代生物工程技术并辅以物理、化学方法，进一步进行加工转化的工业。玉米深加工产品主要有四类：一是发酵制品，包括氨基酸（味精、饲料用赖氨酸、苯丙氨酸、苏氨酸、精氨酸）、强力鲜味剂（肌苷酸、鸟苷酸）、有机酸（柠檬酸、乳酸、衣康酸等）、酶制剂、酵母（食用、饲用）、功能食品等；二是淀粉糖，

包括葡萄糖（浆）、麦芽糖（浆）、糊精、饴糖、高果葡糖浆、啤酒用糖浆、功能性低聚糖（低聚果糖、低聚木糖、低聚异麦芽糖）；三是多元醇，包括山梨糖醇、木糖醇、麦芽糖醇、甘露醇、低聚异麦芽糖醇、乙二醇、环氧乙烷、丙二醇等；四是酒精类产品，包括食用酒精、工业酒精、燃料乙醇等。

（3）工业饲料，经过工业化加工制作的、供动物食用的饲料，主要成分及其构成一般是能量饲料（60%）、蛋白质饲料（20%）和矿物质及饲料添加剂（20%）。

（4）能量饲料，干物质中粗纤维含量在18%以下、粗蛋白含量在20%以下、每千克消化能在10.5兆焦以上的饲料均属于能量饲料，玉米、小麦、稻谷、糠麸和根茎类植物都是能量饲料，其中玉米每千克总能约17.1兆~18.2兆焦，消化率可达92%~97%，被称为"饲料之王"。

（5）蛋白质饲料，干物质中粗纤维含量在18%以下、粗蛋白质含量在20%以上的饲料，是配合饲料主要成分之一，根据其来源可分为植物性蛋白质饲料、动物性蛋白质饲料和微生物单细胞蛋白质饲料。其中豆粕、棉粕、菜籽粕是主要植物性蛋白质饲料；鱼粉、血粉、肉骨粉是主要的动物性蛋白质饲料；饲料酵母是主要的微生物单细胞蛋白饲料，DDGS是酒精生产中产生的副产物，含有27%~28%的蛋白质，可作蛋白饲料。

（6）淀粉得率是指经过加工得到的淀粉与原料玉米的百分比。

（7）原料利用率是指加工得到的淀粉和副产品（玉米皮、玉米胚芽和玉米蛋白粉等）与原料玉米的百分比。

附录 E 关于促进大豆加工业健康发展的指导意见

国家发展和改革委员会
2008 年 8 月

大豆不仅是重要的食用油脂和蛋白食品原料,而且是饲养业重要的蛋白饲料来源,在国家食物安全中占有重要地位。目前我国大豆产量排名世界第四,大豆加工和消费量居世界第二,是最大的大豆进口国。豆油是我国最主要的食用油,约占国内食用植物油消费的 40%;豆粕是重要的饲用蛋白原料,占国内饲料工业蛋白原料的 60% 左右;豆制品是我国主要的传统植物蛋白食物。大豆加工业与种植养殖业、食品工业和饲料工业等紧密关联,是关系国计民生的重要产业。

近年来,我国大豆加工业快速增长,对满足城乡居民生活和养殖饲料业的需求、带动农业结构调整、促进农民增收等发挥了积极作用。但也出现了油脂加工能力过剩、内资比重偏低、原料对外依存度过高等问题,影响大豆产业的健康发展。

为从宏观上统一规划和科学引导大豆加工业的健康发展,保障国家食物安全,根据完善社会主义市场经济体制改革的要求,结合相关法规,特制定《关于促进大豆加工业健康发展的指导意见》。

一、现状及存在的问题

(一)现状

随着城乡居民生活水平提高对食用植物油和动物性食品需求的增加,我国豆油、豆粕消费快速增长,推动大豆加工业快速发展。

一是大豆压榨量快速增长。2007 年大豆压榨量达到 3400 万吨,比 2000 年的 1977 万吨增长 72.0%,年均增长 8.1%,占大豆消费总量的比重从 73.1% 提高到 78.7%。豆油产量从 349 万吨增至 631 万吨,增长 80.8%,年均增长 8.8%;豆粕产量从 1569 万吨增至 2664 万吨,增长 69.8%,年均增长 7.9%。大豆食品及深加工业也得到较快发展。

二是大豆油脂加工企业规模不断扩大。大豆油脂加工企业已从小企业为主体演变为大企业、大集团占主导地位的格局。2007 年我国日加工能力 500 吨以上的大豆油脂企业 117 家,比 2000 年增加 57 家,其中日加工能力超过 2000 吨的达到 91 家,比 2000 年增加 85 家;单厂日加工能力 6000 吨以上的企业 6 家,占全球的 50%。前 10 位企业加工能力占全行业的 57.5%,比 2000 年的 35.4% 提高了 22.1 个百分点。

三是以主产区和沿海港口为主的产业布局基本形成。随着沿海地区新建大豆油脂加工企业不断增多,大豆油脂加工业布局已从以产区为主转变为主产区、沿海港口并存且后者趋于主导的格局。大豆深加工企业主要分布在山东、黑龙江两省，华北、华东和华中地区也有部分大豆深加工企业。

四是大豆加工技术和装备水平快速提高。随着大豆加工业的快速发展，大豆加工技术和生产装备也获得了很大提高。目前，国内规模化油脂加工企业大豆初榨技术普遍达到国际先进水平。

（二）存在的主要问题

大豆加工业在快速发展过程中，也暴露出诸多问题，突出表现为：

一是压榨能力严重过剩。由于产能扩张过快，全行业开工率逐年降低，2000年超过90%，2007年降至44.2%，其中2000吨/日以上加工厂开工率仅为52%左右，1000吨/日以下的小型加工厂半数以上处于倒闭、停产或半停产状态。

二是内资企业压榨能力和实际压榨量不断萎缩。2007年，内资大豆油脂加工企业产能为4920万吨，占全国的63.9%，比2000年的90.3%下降了26.4个百分点；实际大豆压榨量1768万吨，占全国的52.0%，比2000年的91.0%下降39.0个百分点。同期，外资企业压榨量从9.0%快速提高到48.0%。

三是大豆进口依存度过高。自1996年起，我国由大豆净出口国转变为净进口国。2007年，大豆进口量高达3082万吨，比2000年的1042万吨增加1.95倍，年均增长16.7%。大豆进口量占2007年世界贸易量的40.9%，比2000年提高22.0个百分点。大豆进口依存度从2000年的48.1%，增至2007年的78.7%。与此同时，外资在美国和南美的大豆收购、储存和运输上拥有完整链条，并在全球范围内进行加工业布局，使其可以高效、低成本的进入油脂加工市场，并且在国际大豆贸易中具有优势定价权。

四是产、加、销产业链较短。国外大豆加工企业大多走产业链一体化、产品多元化的道路，以此增强企业抗风险能力和竞争力。我国大豆油脂加工企业大部分很少涉足油料收储、物流、贸易、深加工等产业链的上下游环节，产业链短，产品结构不合理，抗风险能力弱，竞争力不强。

五是自主创新能力弱。目前，大豆加工业大型豆粕脱溶机（DTDC）、大型离心机、豆粕蒸脱机、精炼分离机、高级过滤机、高级减速机等油脂加工关键设备仍依靠进口；配套装备稳定性差，易损耗；高温豆粕改性、油脚高效利用等深加工技术水平落后。传统豆制品工业化程度低。

二、面临的形势

展望今后一个时期，我国大豆需求增长势头不减，供求缺口继续加大，进口数量进一步增加，大豆加工业竞争将更加激烈。

（一）大豆需求将继续增长

随着人口增长、城乡人口结构的变动和居民生活水平的提高，今后我国植物油和豆粕消费需求总量将继续增长，相应将拉动大豆需求的增长。但随着油脂品种多元化的发展，增长幅度会逐步趋缓。

(二) 国内大豆产量大幅增加难度较大

近年来，国内大豆种植效益下降，农民种豆积极性降低，大豆种植面积持续下滑，产量从 2004 年的 1740 万吨历史最高水平逐年降低到 2006 年的 1500 万吨左右，2007 年产量继续下降，国内大豆产需缺口不断扩大。在我国促进大豆等油料生产发展等多项措施落实后，大豆种植面积预计将保持平稳略增，单产水平也将因技术进步逐步提高，推动产量增长。预计 2010 年、2012 年和 2015 年，我国大豆产量将分别达到 1700 万吨、1796 万吨和 1950 万吨，年均大幅增长的难度较大。

(三) 大豆进口数量多，潜在风险加大

从未来产需关系分析，国内大豆仍存较大供给缺口，需要通过进口来弥补。

展望未来一段时间，全球豆油、豆粕需求继续呈现刚性增长态势，而全球大豆产量受播种面积、单产水平和天气等多种因素影响，增产具有较多的不确定性。随着全球生物柴油产业的快速发展，阿根廷、巴西、美国等国家正在加快推动以大豆为原料的生产生物柴油的步伐，全球大豆潜在需求量可能出现激增，将导致全球大豆供求格局发生较大变化。国际大豆价格将因供需关系的变化而加剧波动，我国进口大豆占世界贸易量的高比例状态将面临更大的市场风险。

(四) 大豆油脂加工业竞争将更加激烈

目前，日加工能力 1000 吨以下的小型油脂加工厂半数以上处于倒闭、停产或半停产状态，淘汰小规模大豆油脂加工厂、关停并转势成必然。尽管国内大豆压榨生产能力已经严重过剩，但是大豆油脂加工企业继续扩张的步伐并没有停止。为追求规模效益，部分企业仍然在沿海地区在建或拟建大型大豆油脂加工厂，这将导致产能的进一步过剩，行业竞争更加激烈。

三、指导思想、基本原则和发展目标

(一) 指导思想

以科学发展观为指导，坚持走中国特色的新型工业化道路，以保障国家食物安全、维护社会稳定和提高资源利用效率为前提，以满足国内市场需求为导向，大力发展国内大豆生产。积极引导油脂加工企业走原料多元化的加工道路，增加油菜籽、花生、棉籽、向日葵、山茶等其他油料品种的产量，提高油料综合自给率；合理控制大豆油脂加工产能扩张的速度和规模；促进大豆加工业技术进步，提高自主创新能力，整合油脂加工设备制造企业，推动行业结构调整与产业升级；加强市场监管，规范大豆加工企业商业行为，维护市场竞争秩序，增强我国大豆生产、加工和销售环节的主导权；扶持国内龙头企业，改变内资加工企业市场竞争力不足、市场占有率低的局面；积极发展大豆深加工，延伸产业链，提高资源综合利用水平。

(二) 基本原则

一是控制规模，有序发展。严格控制大豆油脂加工项目盲目投资和低水平重复建设，把产能控制在合理规模范围之内。

二是调整结构，产业升级。加快大豆加工业结构调整，引导内资大豆加工企业通过兼并、重组方式，整合资源，淘汰一批落后的小规模大豆油脂加工厂，提高行业的整体水平。

三是坚持开放，加强引导。坚持对外开放，加强对外商投资的规范与管理。鼓励内资企业加强科技研发，促进技术进步，提高竞争力。

四是优化布局，协调发展。优化大豆油脂、豆制品和深加工业的布局，实现大豆主产区与主销区之间、初加工与深加工之间的协调发展。

五是提高自给，多油并举。加大对国内大豆生产的扶持，努力增加大豆产量，提高自给水平；合理利用国外资源，适度扩大豆油进口量，降低进口大豆依存度。积极发展油菜籽、花生、棉籽、向日葵、山茶等油料的种植与加工，走多元化原料供给道路。

六是循环经济，综合利用。按照建设资源节约型、环境友好型社会的要求，大力发展循环经济，推行清洁生产，提高资源利用率，降低能耗、物耗，减少污染物排放。

（三）发展目标

提高自主创新能力，提升行业技术和装备水平。加快产业升级，调整产品结构，优化企业布局，形成结构优化、布局合理、技术进步、竞争力强的大豆加工业体系。

——油脂加工总能力压缩到合理规模。到2010年，大豆油脂加工能力控制在7500万吨/a；到2012年，大豆油脂加工能力控制在6500万吨/a。

——产业结构不断优化。鼓励内资企业通过兼并、重组，促进资源整合，培育一批加工量2000吨/日以上，产、加、销一体化，具有较强竞争力的大豆油脂加工企业（集团）。其中以花生、油菜籽、棉籽、向日葵和山茶等为加工原料的企业数量和加工量要占有一定比重。

——区域布局更加合理。形成东北、黄淮海大豆产区和沿海地区分工合理、各有侧重、特色鲜明的大豆加工业布局。

——深加工产业链进一步延伸。以豆粕、豆油为原料，进行深度精深加工，延长产业链，增加产品档次，丰富产品类型。

——节能减排达到国际先进水平。到2012年，全行业单位产值能耗降低15%，单位工业增加值用水量降低30%，主要污染物排放量符合相关国家相关标准。

表E-1 2012年大豆加工业主要目标

项目	指标	说明
大豆压榨总能力	≤6500万吨/a	控制性
单位产值能耗	降低15%	控制性
单位工业增加值用水量	降低30%	控制性

四、行业准入

根据未来5年我国及世界大豆产量增长前景,从生产规模、行业垄断、外商投资管理、资源节约、环保要求、循环经济等方面,制定大豆油脂加工业准入标准。

(一) 项目核准

按照国务院关于固定资产投资的有关规定执行。

(二) 企业资格

从事大豆油脂加工的企业必须具备一定的经济实力和抗风险能力,现有净资产不得低于拟建项目所需资本金的2倍,总资产不得低于拟建项目所需总投资的2.5倍,资产负债率不得高于60%,项目资本金按照国家有关规定执行,省级金融机构评定的信用等级不低于AA级。

(三) 行业竞争

大豆油脂加工业是关系国计民生的重要产业,适度公平竞争有利于形成良好的产业发展环境。企业要严格遵守相关法律规定,不能滥用市场支配地位,或达成垄断协议,扰乱市场秩序。

(四) 外商投资管理

大豆油脂加工项目按照《外商投资产业指导目录》执行。外商兼并、重组国内油脂加工企业,严格按照国家有关外商投资的法律法规及外商投资产业政策办理。

(五) 资源节约与环境保护

新建和扩建项目的能耗、水耗达到表E-2和表E-3的要求。烟尘、粉尘、废水污染物等排放要求达到相关国家或地方标准。

表E-2 大豆与大豆油加工相关能耗标准

	消耗项目	吨产品消耗指标	单位
大豆初榨	水	≤0.35	吨(循环水补充)
	电	≤30.00	千瓦时
	煤(标)	≤90.00	公斤
	溶剂(工业已烷)	≤1.4	公斤
油脂精炼	水	≤0.80	吨(循环水补充)
	电	≤21.00	千瓦时
	煤(标)	≤46	公斤
	白土	≤18.00	公斤
	柴油	≤4.00	公斤
大豆分离蛋白	电	≤1400	千瓦时/吨
	煤	≤2500	公斤/吨

表 E-3 大豆加工主要污染物排放标准

	排放指标	单位
化学需氧量（COD）	≤100	毫克/升
生物需氧量（BOD）	≤20	毫克/升
酸碱度（pH）	7~8	
氨氮（NH3—N）	≤15	毫克/升
动植物油	≤10	毫克/升
悬浮物	≤150	毫克/升
烟尘浓度	≤190	毫克/立方米

注：专栏数据引自 GB 1327—2001、GB 16297—1996、GB 8978—1996

五、产业布局

今后一个时期，要在准确把握市场发展趋势的前提下，按照靠近产区或靠近销区以及交通便利的原则，加快调整大豆加工业区域结构和产品结构，形成分工合理、优势互补、特色鲜明的大豆加工业布局。

东北地区和内蒙古。以现有企业为基础，充分发挥大豆产区的优势，鼓励内资企业通过兼并、重组形成若干个具有竞争力的企业或企业集团，淘汰一批技术设备落后、经济效益差的企业，依靠高新技术改造传统油脂加工业，提高技术含量，优化产品结构，建设成为我国重要的大豆油脂加工基地。积极发展大豆深加工产业，鼓励和支持大豆深加工企业引进先进技术或加强自主研发，加大对市场容量大的大豆粉、豆奶、大豆蛋白等的开发力度，不断向市场推出大豆浓缩蛋白、组织蛋白等新产品，推动大豆磷脂、大豆异黄酮、低聚糖、维生素 E 等产品的规模化生产，提高产品科技含量，不断延伸产业链，增加高附加值产品比重，建设成为我国重要大豆深加工产业基地。

华北地区。以现有龙头企业为依托，通过扶优汰劣、兼并重组等方式，培育形成一批具有一定规模的大型油脂加工企业和企业集团。支持河北、山东、河南等华北大豆产区发展大豆深加工，鼓励发展用于乳制品、肉制品、面制品等产品的蛋白产品和传统大豆制品的工业化，对现有环保不达标的大豆分离蛋白加工企业，要强制进行环保改造，淘汰能耗水耗高、污染严重的企业，鼓励投资少、能耗水耗低、环保达标的龙头企业扩大功能性乳品蛋白等深加工产品的生产规模，打造具有中国特色的国际知名品牌。

沿海地区。鼓励内资企业收购、兼并和重组，积极培育大豆加工和饲料加工一条龙企业。引导油脂加工企业关停并转，降低设备闲置率，提高生产效率。鼓励企业利用技术和资金优势，加强对大豆加工副产品深加工，提高资源使用效率，建设成为我国饲用蛋白、脂肪酸、精制磷脂等生产基地和出口基地。其他地区。发展兼顾花生、油菜籽、棉籽、大豆加工的项目和大豆食品加工业，以满足当地人民生活和畜牧养殖业的需求。

六、政策措施

大豆加工是整个大豆产业链的关键环节，必须从战略高度加强对大豆加工业发展的宏观调控和产业引导，促进大豆加工业的健康发展。

（一）科学规划，加强政策指导

大豆主产区和沿海大豆加工区要从保障国家食物安全的战略高度和全局利益出发，做好本地区大豆加工业发展专项规划，加强政策指导和产业发展引导，严格控制大豆油脂产能盲目扩张，避免无序竞争。单个大豆油脂加工企业（集团）大豆油脂实际大豆年加工量达到全国总量15%以上，原则上不再准予其新建和扩建大豆油脂加工项目。

（二）加快结构调整，推动产业升级

严格执行《促进产业结构调整暂行规定》和《产业结构调整指导目录》。通过联合、兼并和重组等形式，有重点地扶持一批加工量2000吨/日以上产、加、销一体化，跨地区的大豆油脂加工企业（集团），推动行业发展上水平上规模。鼓励企业收购国产大豆。

（三）推进技术进步，增强自主创新能力

加大对大豆加工技术的投入力度，加强科技研发，提高自主创新能力，促进产业升级。

提升大豆加工技术。大豆油脂加工业要淘汰常压蒸发工艺及一批技术落后、能耗高、污染大、消防设施不达标，尤其是没有污水处理设施的小规模大豆油脂加工厂；鼓励使用大豆脱皮技术、大豆膨化后浸出技术，提高出油率及生产高蛋白豆粕；鼓励榨油和精炼配套生产，加强开发以豆粕和豆油为原料的新产品（发酵豆粕、健康营养油等）；鼓励使用PLC控制的自动化生产工艺；深入研究并推广使用污水回收利用技术。

大豆深加工业要着力研发废水循环利用技术、大豆蛋白酶解技术、豆渣提取大豆纤维素技术、豆清废水提取大豆低聚糖和异黄酮技术、大豆肽生产及脱苦技术、大豆蛋白表面修饰技术、乳品蛋白生产技术，以及提高大豆蛋白得率及蛋白凝胶性、分散性和溶解性技术和降低大豆蛋白豆腥味及黏度技术；加强大豆蛋白在主食制品中的应用技术研发；推进传统大豆制品加工工艺技术工业化；淘汰能耗高、水耗高、废水排放不达标、投资大、成本高、效益差的大豆分离蛋白生产线。

研发大豆加工设备。重点研发提高资源利用效率的油料预处理设备、提高原料浸出量的高效大豆脱皮及皮仁分离机、高效油脂浸出器、大型低温脱溶机、提高大豆蛋白生产效率和降低能耗的大型高速离心分离机、大型大豆蛋白节能干燥机、大型蛋白食品挤压膨化机等设备。重组整合一批粮油加工机械设备制造企业，形成合力，提高企业研发能力和装备制造水平。

丰富大豆加工产品。提升大豆蛋白、磷脂、异黄酮、维生素E、纤维素、低聚糖、皂甙、多肽等具有生物活性的保健食品和功能性食品的生产水平和产品质量，推进传统产品工业化，提高大豆加工综合利用程度，延长产业链，增加产品附加值。

（四）鼓励和引导企业"走出去"，开拓国际资源

实施"走出去"战略，制定发展规划，支持企业建立稳定可靠的进口大豆保障体系，初期可通过公开招标的方式选择 2~3 家企业作为试点。在具体操作上，可在产地采购大豆，再租赁码头，建仓库和运输系统，或参股当地农业企业及租赁土地进行种植，并在条件适宜的情况下，鼓励企业到国外建大豆加工厂。

（五）建立引导大豆有序进口的安全保障机制

科学估算我国大豆需求总量和自给率水平，建立大豆进口数量、价格及质量安全预警机制，引导大豆有序进口。当大豆进口量与预期需求量的差额低于或高于 1 个月的压榨水平时，政府通过权威信息机构发布数量警示信息；当进口大豆港口批发价格单月涨跌幅度超过 10% 或者累计两个月涨跌幅度超过 15% 时，发布价格警示信息；当进口大豆出现重大质量安全问题时，发布质量安全警示信息，并采取检验检疫措施。

要积极引导、统筹安排、组织协调对外采购工作，逐步增强国际影响力，提高议价能力，降低采购成本。

（六）建立大豆商业周转储备制度

按照《国务院办公厅关于促进油料生产发展的意见》（国办发〔2007〕59 号文件）规定，鼓励大型国有粮油加工企业适当增加大豆商业周转储备，由国家通过招标方式确定具体承储企业和承储企业数量。

（七）建立大豆产业信息发布制度

充分发挥并积极扩展国内现有粮油信息机构的职能，完善全社会大豆加工业统计指导和信息服务，建立全面、系统、准确的大豆产业信息报告制度和发布平台，包括国际国内大豆主产国生产形势监测评价系统、国内大豆消费量及进口量监测评价系统、国内 500 吨以上规模油脂加工企业的产销存动态监测体系。通过国家权威粮油信息机构定期向社会发布。完善大豆加工产品质量体系、清洁生产标准体系、检测检验体系建设。

（八）发展和完善大豆期货市场

加大期货知识的普及和推广力度，建立畅通的期货信息传播渠道，鼓励和引导大豆生产、贸易、加工企业参与期货市场的套期保值。尽快出台国有及国有控股粮食企业参与套期保值交易的相关政策，为国有及国有控股粮食企业提供平等的竞争环境。大力扶持大豆期货市场的发展，完善现货标准，保证定单套期保值实现和采购畅通。适当扩大大豆交割库点的范围。调整有关转基因产品流通和消费的有关法规，提高和促进进口转基因大豆的流通性。

（九）通过多种手段稳步发展大豆和花生等其他油料生产

认真落实《国务院办公厅关于促进油料生产发展的意见》（国办发〔2007〕59 号文件），加强大豆生产基地建设。着力培育东北及内蒙古高油大豆优势产业带，通过合理轮作等方式适当恢复并逐渐扩大大豆面积。加快大豆新品种培育，推进机械化与标准化生产，提升大豆现代化生产水平，提高单产水平，稳定提高大豆总产水平和产品质量。

(十）加强产品标识管理，发挥国产大豆优势

加强对转基因食品、非转基因和转基因大豆的宣传教育，让公众充分享有知情权和选择权；严格执行《农业转基因生物安全管理条例》、《农业转基因生物标签的标识》和《农业转基因生物标识管理办法》；通过财政、信贷、物流等支持政策，引导和鼓励大豆加工企业使用国产大豆。工商、质检和农业等部门要明确分工，加强食品安全管理。

（十一）尽快制定、修订和颁布大豆加工业相关标准

尽快制定食用调和油、起酥油、人造奶油、大豆蛋白、大豆肽、大豆纤维、大豆异黄酮、大豆皂甙、大豆磷脂、大豆低聚糖等大豆深加工产品，食用油专用萃取溶剂（溶剂油、正乙烷、异乙烷），油脂加工厂设计规范、油脂设备、油脂设备图形符号等，大豆压榨厂生产耗能，大豆压榨厂污染物排放等标准，尽快修订颁布榨油用大豆、豆制食品业用大豆、大豆的相关检验方法、油脂相关的检验检测方法、豆粕相关检验检测方法等。

（十二）加强舆论引导，提倡健康用油的消费观念

加大宣传教育力度，提倡科学健康消费。减少损失浪费，抑制国内食用油消费的不合理增长。大力普及科学、卫生、健康的烹饪方式方法，重点引导商业饮食服务企业转变观念，使科学用油消费理念进入餐饮业、走入百姓家庭，为提高中华民族的健康水平打下良好基础。

参考文献

[1] 丁睿,李艳娟. 一种污泥资源化利用自动送料装置及污泥资源化利用系统:201822137958.1[P].2018-12-19.

[2] 于广军,朱果逸,张书义,等. 醋酸钙融雪剂的制备方法:200410011385.8[P].2004-12-24.

[3] 于新,胡林子. 大豆加工副产物的综合利用[M]. 北京:中国纺织出版社,2013.

[4] 付伟超. 基于大豆深加工废水厌氧出水的连续化好氧-厌氧耦合处理工艺研究[D]. 石河子:石河子大学,2010.

[5] 付伟超,吴世晗,朱毅,等. CAAC工艺处理模拟大豆深加工废水厌氧出水[J]. 环境科学研究,2010,1(7):964-969.

[6] 付旭东. 高浓度马铃薯淀粉废水处理工艺研究及发展方向[J]. 环境研究与监测,2016,29(1):48-54.

[7] 任南琪,丁杰,陈兆波. 高浓度有机工业废水处理技术[M]. 北京:化学工业出版社,2012.

[8] 任培根. 一种膳食替补食品:201310589109.9[P].2013-11-21.

[9] 余淦申,郭茂新,黄进勇. 工业废水处理及再生利用[M]. 北京:化学工业出版社,2013.

[10] 余红辉. 动态博弈情境下我国工业污染控制策略研究[J]. 科技促进发展,2017,13(C2):615-623.

[11] 佟毅. 中国玉米淀粉与淀粉糖工业技术发展历程与展望[J]. 食品与发酵工业,2019,45(17):294-298.

[12] 俞年丰,曹运平,许丹宇,等. 高浓度马铃薯淀粉废水处理工艺研究现状及发展[J]. 工业水处理,2011,31(1):5-8.

[13] 冉德焕. 味精生产废水处理剂及废水处理方法:201510818925.1[P].2015-11-23.

[14] 冯伟,蔡学斌,杨琴,等. 发达国家农产品加工业增长及经验借鉴[J]. 世界农业,2015,1(11):55-57.

[15] 刘丹,栾永翔,陈静静,等. 玉米发酵生产酒精废水处理工艺研究与设计[J]. 净化技术,2009,28(2):53-56.

[16] 刘咏,钱家忠,李如忠. 生化法处理啤酒废水的技术分析与展望[J]. 合肥工业大学学报(自然科学版),2003,26(1):145-150.

[17] 刘妮妮,刘昆元,王璋,等.油脂废水的处理技术[J].中国油脂,2003,1(5):80-82.

[18] 刘宇,张国治,袁东振,等.豆制品废水综合利用现状[J].粮食与油脂,2015,1(3):22-25.

[19] 刘志雄,胡利军.食品工业在国民经济中的地位及发展前景研究[J].中国食物与营养,2009,1(3):23-26.

[20] 刘恒明,马媛,刘靖,等.豆制品废水处理技术综述[J].广东化工,2012,39(16):106-107.

[21] 刘振扬.玉米酒精厂副产品玉米油生产技术[J].中国油脂,2005,30(9):21-23.

[22] 刘文博,王晶.关于糠醛生产废水污染治理技术的探讨[J].甘肃科技,2017,33(20):23-26.

[23] 刘晓雪,黄晴晴,王慧娟.2018年中国制糖企业的调查报告:基于四个甘蔗主产区32份制糖企业的调查问卷(之一)[J].广西糖业,2019,5(1):38-44.

[24] 刘晓雪,黄晴晴,王慧娟.2018年中国制糖企业的调查报告:基于四个甘蔗主产区32份制糖企业的调查问卷(之二)[J].广西糖业,2019,6(1):44-50.

[25] 刘树涛,王文风.生物素与谷氨酸发酵[J].发酵科技通讯,2010,1(2):36-39.

[26] 刘治.我国食品工业发展现状和趋势[J].中国食品工业,2014,1(11):20-23.

[27] 刘泽龙,潘君慧,张连慧,等.淀粉工艺水中蛋白回收工艺的研究[J].食品研究与开发,2015,36(20):100-103.

[28] 刘淑杰,张建功,宋晓东,等.淀粉生产工艺对味精生产影响的探讨[J].发酵科技通讯,2009,38(2):40-41.

[29] 刘玉春,赵玉斌,王德友,等.一种淀粉质原料加工过程中余热回收的方法:200910230532.3[P].2009-11-30.

[30] 刘辉,卢清峰,李丽珍,等.关于玉米发酵酒精废水处理技术综述[J].环境与可持续发展,2015,1(1):189-190.

[31] 刘辰,刘飞.柠檬酸提取工艺的探索和氢钙法工业实践[J].精细与专用化学品,2015,23(1):19-23.

[32] 北京市环境保护科学研究院.三废处理工程技术手册废水卷[M].北京:化学工业出版社,2000.

[33] 单杨.中国果品加工产业现状及发展趋势[J].北京工商大学学报(自然科学版),2012,1(3):1-12.

[34] 卢柳忠,张佳欣,陆登俊,等.酒精生产节能技术进展综述[J].化工技术与开发,2016,45(5):33-36.

[35] 卢颖.浅谈酒精废水综合治理及利用方法[J].黑龙江水利科技,2017,45(8):147-149.

[36] 史德芳,孙晓雪.清洁生产在食品工业中的应用与发展前景[J].现代化农业,2007,1(11):16-18.

[37] 吕志轩. 食品工业"十二五"发展规划与食品质量安全研究[J]. 德州学院学报, 2012,1(2):79-84.

[38] 吕睿喆, 王翔宇. 农副食品加工行业废水污染现状及对策研究[J]. 安徽农学通报, 2019,25(15):136-138.

[39] 吴永刚. 调味品生产废水处理工程实例[J]. 工业用水与废水, 2019,50(5):71-75.

[40] 吴菲. 甲醇和丙酮共沸物分离工艺的研究[D]. 天津:天津大学, 2010.

[41] 周友超. 国内柠檬酸废水处理方法研究进展[J]. 广东化工, 2010,37(9):113-114,122.

[42] 周志萍, 秦文信. 甜菜制糖废水治理的探索[J]. 中国甜菜糖业, 2008,4(1):17-23.

[43] 周永生, 满云. 我国柠檬酸行业的产业化现状及可持续发展[J]. 生物加工过程, 2010,8(6):73-77.

[44] 周长波. 发酵工业中高浓度有机废水处理设施的运行与管理[D]. 天津:南开大学, 2002.

[45] 唐受印, 戴友芝, 刘忠义, 等. 食品工业废水处理[M]. 北京:化学工业出版社, 2001.

[46] 唐崇俭, 郑平, 洪正昉, 等. 味精废水处理工艺的研究和应用[J]. 食品与发酵工业, 2007,1(9):74-78.

[47] 国家环境保护总局, 国家质量监督检验检疫总局. 味精工业污染物排放标准:GB19431—2004[S]. 北京:中国环境科学出版社, 2004.

[48] 姚华微. 通辽市玉米深加工产业发展战略研究[D]. 呼和浩特:内蒙古大学, 2012.

[49] 姚文娟, 李绩, 肖冬光, 等. 絮凝法处理酒精废液的研究[J]. 酿酒科技, 2001(3):62-64.

[50] 姜安娜. 含盐废水资源化处理研究现状[J]. 科技创新与应用, 2017,1(12):170.

[51] 姜新春, 周宏才, 潘锦峰, 等. 酒精工厂改良湿法与半干法玉米处理工艺的对比[J]. 粮食与食品工业, 2010,17(3):10-13.

[52] 孙兴滨, 赵加瑞, 王志国, 等. 关于玉米酒精生产节水措施的探讨[J]. 酿酒, 2012,39(1):83-85.

[53] 孙兴滨, 赵加瑞, 王志国, 等. 玉米酒精生产废水控制方法探讨[J]. 酿酒, 2011,1(6):21-23.

[54] 孙晓峰, 李键, 李晓鹏, 等. 中国清洁生产现状及发展趋势分析[J]. 环境科学与管理, 2010,1(11):185-188.

[55] 孙朋朋, 王君高, 刘明明, 等. 酒精蒸馏技术的进步与节能减排[J]. 山东轻工业学院学报, 2013,27(4):42-45.

[56] 孙波. 调味品废水处理工艺评价及应用[J]. 中国调味品, 2018,43(4):150-153.

[57] 宋宏杰, 于鲁冀, 陈涛, 等. 一种玉米酒精废水的集成处理方法:201310160586.3

[P].2013-05-04.

[58] 宋新南,范鹏,宋爽.酒精厂冷却水系统制冷降温设计与节水效果[J].酿酒科技,2007,1(3):60-64.

[59] 宋晓玲.一种用于食品包装的新型全自动包装机:201520450922.2[P].2015-06-29.

[60] 寇艳秋.双效蒸发法治理糠醛废水的工艺及醋酸钙镁回收研究[D].哈尔滨:东北师范大学,2006.

[61] 岳丽清,肖清贵,王天贵,等.三苯基磷在玉米芯制备糠醛中的应用[J].化工进展,2012,31(5):1103-1108.

[62] 左金龙.食品工业生产废水处理工艺及工程实例[M].北京:化学工业出版社,2011.

[63] 广西壮族自治区环境保护厅,广西壮族自治区质量技术监督局.甘蔗制糖工业水污染物排放标准:DB 45/893—2013[S].南昌:二十一世纪出版社,2013.

[64] 张国治,刘宇,李长根,等.豆制品废水综合利用现状[J].粮食科技与经济,2014,39(6):55-58.

[65] 张平.黑龙江省玉米加工企业的营销策略研究[D].哈尔滨:东北农业大学,2010.

[66] 张建华.酒精生产过程的节水措施[J].酿酒科技,2011,1(5):127-129.

[67] 张振文,沈炳岗,李英杰,等.渭河水污染防治专项技术研究与示范[J].中国科技成果,2014,15(9):16-18.

[68] 张智,周健.食品工业高盐高氮磷有机废水处理技术发展趋势[J].给水排水,2012,38(9):1-3,51.

[69] 张江涛,贾冬舒,刘康锐,等.一种脱除糖浆盐分的方法及葡萄糖浆的生产方法:201110423469.2[P].2011-12-16.

[70] 张珂.序批式生物膜反应器处理味精废水工艺特性研究[D].郑州:郑州大学,2011.

[71] 张磊,赵婷婷,何虎.食品加工废水处理技术研究进展[J].水处理技术,2018,44(12):7-13.

[72] 张齐军,韦继高,梁智.降低木薯酒精生产综合能耗的技术途径[J].食品与发酵工业,2012,38(9):73-76.

[73] 徐开生.复合调味料的新市场:休闲食品产业[J].中国酿造,2013,1(4):169-172.

[74] 徐洪斌,吴连成,刘小利,等.酒精生产企业废水处理工艺的评价与优化[J].中国给水排水,2008,24(10):25-28.

[75] 戴小枫,张德权,武桐,等.中国食品工业发展回顾与展望[J].农学学报,2018,1(1):125-134.

[76] 景健峰.水解酸化-SBR工艺处理调味品废水的研究[J].应用能源技术,2019,1

(4):18-20.

[77] 曹宏斌,石绍渊,李玉平,等.一种用于淀粉水解液脱盐的组合工艺方法:201910237174.21[P].2019-03-27.

[78] 曾洁,赵秀红.豆类食品加工[M].北京:化学工业出版社,2010.

[79] 权秋红,张建飞,元西方,等.一种高含盐废水的零排放处理系统:201510981321.9[P].2015-12-23.

[80] 李亚强,刘志刚,赵庆良,等.玉米酒精废醪蒸发废水处理工程[J].水处理技术,2006,32(11):89-91.

[81] 李关富.浅谈玉米燃料酒精生产中的节能减排[J].广州化工,2013,41(4):52-54.

[82] 李学兰.供应链视角下的安徽玉米深加工产业集群竞争力研究[D].合肥:安徽大学,2011.

[83] 李家科,李亚娇.特种废水处理工程[M].北京:中国建筑工业出版社,2011.

[84] 李平凡,钟彩霞.淀粉糖与糖醇加工技术[M].北京:中国轻工业出版社,2012.

[85] 李志健,迟金娟.果汁废水处理技术的研究进展[J].工业水处理,2010,1(11):5-8.

[86] 李维琳,江雪飞,陈路.一种利用磷脂酶A2进行植物油脂脱胶的方法:201110393091.6[P].2011-12-01.

[87] 李芳.食品工业"十二五"规划产值12.3万亿元[J].中国食品,2012,1(5):14-16.

[88] 杜宝山,孙立波,哈斯图力古尔,等.味精生产的污染排放分析与治理研究[J].环境保护科学,2007,3(6):27-31.

[89] 杜荷.全国食品产业市场现状与发展趋势[J].食品工业科技,2013,1(17):14-16.

[90] 杨丽.国内乳品废水的处理方法[J].安徽化工,2010(3):4-7.

[91] 杨志军.当代中国环境抗争背景下的政策变迁研究[D].上海:上海交通大学,2014.

[92] 杨森,刘海涛,吕惠生.柠檬酸提取工艺的研究进展[J].中国食品添加剂,2013,1(2):190-194.

[93] 杨莉,伍学明,樊君,等.高色度、高氨氮调味品生产废水与锅炉烟尘烟气耦合治理技术探究[J].中国调味品,2013,38(4):84-86.

[94] 梁多,彭超英.啤酒工业废水治理及清洁生产实例[J].酿酒,2004,31(3):84-86.

[95] 梁燕,李景红,李忠林.玉米淀粉浸泡水的回用及内循环反应器的应用:以我国西北某企业为例[J].农技服务,2009,26(10):95-96.

[96] 段秀萍.我国玉米加工产业发展新特点及对策探析[J].社会科学战线,2008,161(11):264-265.

[97] 段萌,田文瑞,王栋,等.不同工业废水驯化处理方法综述[J].广东化工,2012,39(5):121-123.

[98] 段钢.新型酒精工业用酶制剂技术与应用[M].北京:化学工业出版社,2010.

[99] 汪苹. 发酵行业节能减排中的生物环保技术[J]. 生物产业技术, 2013, 1(1): 19-22.

[100] 汪苹, 董黎明, 施彦. 味精工业污染减排技术筛选与评估[M]. 北京: 化学工业出版社, 2013.

[101] 沈耀良, 王宝贞. 废水生物处理新技术: 理论与应用[M]. 北京: 中国环境科学出版社, 2006.

[102] 河北秦皇岛骊骅淀粉股份有限公司. 玉米淀粉及淀粉糖生产用水阶梯式循环利用技术[C]//全国玉米深加工产业交流展示会暨中国发酵工业协会2006年行业大会, 2006.

[103] 温伟庆, 冯旭东, 张晶晶. 味精清洁生产及末端废水处理新工艺[C]//中国环境科学学会学术论文集(第二卷). 北京: 中国环境科学学会, 2011.

[104] 温跃进. 吉林省玉米加工产业可持续发展研究[D]. 延吉: 延边大学, 2013.

[105] 潘涛, 李安峰, 杜兵. 环境工程技术手册: 废水污染控制技术手册[M]. 北京: 化学工业出版社, 2012.

[106] 潘涛, 田刚. 废水处理工程技术手册[M]. 北京: 化学工业出版社, 2010.

[107] 焦扬. 赖氨酸离交废液资源化的新方法[D]. 石河子: 石河子大学, 2009.

[108] 熊涛, 魏华, 乔长晟. 发酵食品[M]. 北京: 中国质检出版社, 2013.

[109] 王五洲, 田晋平, 别晓群. 玉米酒精生产废水处理工艺设计实例[J]. 中国给水排水, 2013, 29(4): 68-70.

[110] 王佳鹏. 黑龙江省绥化市玉米深加工业发展对策研究[D]. 哈尔滨: 东北农业大学, 2008.

[111] 王佳鹏, 穆久顺. 玉米深加工业的可持续发展[J]. 黑龙江粮食, 2008, 1(2): 18-21.

[112] 王凯军, 秦人伟. 实用水处理技术丛书: 发酵工业废水处理[M]. 北京: 化学工业出版社, 2000.

[113] 王国华, 任鹤云. 工业废水处理工程设计与实例[M]. 北京: 化学工业出版社, 2004.

[114] 王国贤, 周启星, 刘睿, 等. 以玉米为原料的味精产业污染排放分析[J]. 生态学杂志, 2006, 25(1): 45-49.

[115] 王奕娇, 张庆柱, 朱金鸣. 我国玉米深加工现状及其发展建议[J]. 农机化研究, 2010, 1(9): 245-248.

[116] 王宏刚. 离子交换树脂在玉米淀粉糖生产中的应用[J]. 中国科技投资, 2017, 4(21): 30-33.

[117] 王宏洋, 王海燕, 张丽红, 等. 我国制糖工业废水减排现状分析及启示[J]. 工业水处理, 2018, 38(10): 7-11.

[118] 王宏洋, 赵丽娜, 戴天有, 等. 欧盟食品加工制造业水污染防治管理研究[C]//化学物质环境风险评估与基准/标准国际学术研讨会、中国毒理学会环境与生态毒理

学专业委员会第四届学术研讨会、中国环境科学学会环境标准与基准专业委员会 2015 年学术研讨会, 2015.

[119] 王宏洋, 赵鑫, 蔡木林, 等. 我国食品加工制造业水污染物排放标准存在问题及欧盟经验的启示[J]. 环境工程技术学报, 2016, 6(5):514 – 522.

[120] 王怀宇. 淀粉废水资源化工程改造技术[J]. 湿法冶金, 2012, 31(6):390 – 392.

[121] 王思巧. 食品工业废水处理技术概述[J]. 科技经济与资源环境, 2016, 1(9):141 – 142.

[122] 王文刚. 蛋白废水、果糖废水和淀粉废水综合处理技术研究[D]. 济南: 山东大学, 2014.

[123] 王新程. 我国水污染防治法的发展和完善[D]. 北京: 中国社会科学院, 2006.

[124] 王春荣, 何绪文, 年跃刚. 玉米深加工行业水污染控制和循环利用[M]. 北京: 化学工业出版社, 2014.

[125] 王晓辉. 2011/12 年度国内玉米市场供需形势分析[J]. 河南畜牧兽医(市场版), 2012, 1(2):20 – 22.

[126] 王泳超. 工业废水处理技术的发展趋势[J]. 中小企业管理与科技(下旬刊), 2018, 1(9):165 – 167.

[127] 王炜, 何好启. UASB + 接触氧化法处理食品废水的工程应用[J]. 广州化工, 2012, 40(19):106 – 107.

[128] 王玉. 糠醛制造业塔下废水中 COD 与 BOD 产生量的实测分析[J]. 环境科学与管理, 2012, 37(3):100 – 104.

[129] 王玉, 于风洋, 刘春雨. 糠醛工业排污许可证申请与核发技术要求研究[J]. 环境保护科学, 2019, 45(6):7 – 10.

[130] 王琳琳. 一种火锅底料生产用煎煮废水处理装置:201610623318.4[P]. 2016 – 08 – 03.

[131] 王硕, 于水利, 时文献, 等. 好氧颗粒污泥处理制糖工业废水厌氧出水的除磷特性研究[J]. 环境科学, 2012, 33(4):1293 – 1298.

[132] 王绍文, 罗志腾, 钱雷. 高浓度有机废水处理技术与工程应用[M]. 北京: 冶金工业出版社, 2003.

[133] 王绍昕. 吉林省玉米深加工产业市场开发战略研究[D]. 长春: 吉林大学, 2008.

[134] 王艳, 吕维华, 姜红波, 等. 淀粉废水处理技术研究进展[J]. 应用化工, 2010, 39(10):1568 – 1573.

[135] 王艳霞, 王子谦, 蔡陆泉, 等. DAF/MBBR/DAF/UF/RO 工艺处理调味品废水并回用[J]. 中国给水排水, 2016, 32(10):123 – 125.

[136] 王莉, 胡胜德. 玉米用途之争: 粮食消费还是能源消费[J]. 农业经济, 2008, 1(11):8 – 9.

[137] 王郅媛, 贺燕丽. 直面挑战, 扩大食品产业升级空间[J]. 中国科技投资, 2012, 1(17):23 – 25.

[138] 王黎明. 落实科学发展保障质量安全促进食品工业又好又快发展[J]. 食品工业科技, 2013,1(1):40-42.

[139] 王龙. 清洁生产审核在大豆分离蛋白生产企业中的应用[J]. 环境科学与管理, 2010,1(12):140-142,150.

[140] 环境保护部. 制糖废水治理工程技术规范: HJ 2018—2012[S]. 北京: 中国环境科学出版社, 2012.

[141] 环境保护部. 清洁生产标准 淀粉工业(玉米淀粉): HJ 445—2008[S]. 北京: 中国环境科学出版社, 2008.

[142] 环境保护部. 淀粉废水治理工程技术规范: HJ 2043—2014[S]. 北京: 中国环境科学出版社, 2014.

[143] 环境保护部. 清洁生产标准 味精工业: HJ 444—2008[S]. 北京: 中国环境科学出版社, 2008.

[144] 环境保护部. 味精工业废水治理工程技术规范: HJ 2030—2013[S]. 北京: 中国环境科学出版社, 2013.

[145] 环境保护部. 清洁生产标准酒精制造业: HJ 581—2010[S]. 北京: 中国环境科学出版社, 2010.

[146] 环境保护部, 国家质量监督检验检疫总局. 制糖工业水污染物排放标准: GB 21909—2008[S]. 北京: 中国环境科学出版社, 2008.

[147] 环境保护部, 国家质量监督检验检疫总局. 淀粉工业水污染物排放标准: GB 25461—2010[S]. 北京: 中国环境科学出版社, 2010.

[148] 环境保护部, 国家质量监督检验检疫总局. 柠檬酸工业水污染物排放标准: GB 19430—2013[S]. 北京: 中国环境科学出版社, 2013.

[149] 环境保护部, 国家质量监督检验检疫总局. 发酵酒精和白酒工业水污染物排放标准: GB 27631—2011[S]. 北京: 中国环境科学出版社, 2011.

[150] 环境保护部清洁生产中心, 中国生物发酵产业协会. 中国柠檬酸行业清洁生产进展研究报告 2013 年[M]. 北京: 中国环境出版社, 2013:1-137.

[151] 白坤. 玉米淀粉工程技术[M]. 北京: 中国轻工业出版社, 2012.

[152] 相子国. 食品工业"十二五"发展规划与食品经济管理研究[J]. 德州学院学报, 2012,1(2):73-78.

[153] 瞿露, 汪诚文, 王玉珏. 两种柠檬酸生产工艺的清洁生产评价[J]. 环境工程, 2011,29(3):111-115.

[154] 石宪奎, 高庆杰. 玉米淀粉生产节水技术[J]. 食品工业科技, 2011,12(1):558-564.

[155] 石维忱. 发展循环经济共创绿色未来: 发酵行业循环经济发展现状及发展趋势[C]. 中国工程院第100场工程科技论坛: 轻工重点行业节约资源与保护环境的技术研究与开发, 2010.

[156] 程林波. 废水处理工程设计[M]. 北京:中国建筑工业出版社, 2014.

[157] 童延斌, 魏长庆. 食品工业有机废水处理技术的研究进展[J]. 农产品加工, 2009, 5(1): 34-36.

[158] 罗佳男. 食品科技论文产出量与食品工业发展关系研究[D]. 保定:河北农业大学, 2013.

[159] 罗建泉, 杭晓风, 刘威, 等. 膜法绿色制糖技术研究进展[J]. 过程工程学报, 2018, 18(5): 908-917.

[160] 罗虎, 孙振江, 李永恒, 等. 玉米淀粉生产酒精的研究[J]. 酿酒科技, 2018, 2(1): 30-33.

[161] 肖文胜, 陈雪梅, 蔡再华. 柠檬酸生产废水处理新工艺与资源化[J]. 湖北理工学院学报, 2013, 29(3): 17-20.

[162] 胡志杰, 蒋小东, 蒋永强. 色谱法在柠檬酸母液提纯柠檬酸工艺上的应用[J]. 江苏冶金, 2008, 36(5): 114-115.

[163] 苏锦荣. 间歇式活性污泥(SBR)法处理食品生产废水的技术分析[J]. 科技经济市场, 2014, 1(6): 6-7.

[164] 莫慕荣, 邹龙生, 李波, 等. MVR实现制糖工业废水零排放的研究[J]. 辽宁化工, 2018, 47(10): 989-991.

[165] 董黎明, 张艳萍, 汪苹. 味精工业废水处理技术及发展[C]. 中国发酵工业协会第四届会员代表大会, 2009.

[166] 董黎明, 汪苹, 张艳萍. 味精工业废水处理工艺现状及分析[J]. 发酵科技通讯, 2011, 40(3): 12-13.

[167] 蒋雄武. 依托标准引领提高食品添加剂监管水平[C]. 标准化助力供给侧结构性改革与创新:第十三届中国标准化论坛, 2016.

[168] 薛科创. 制糖废水处理的研究进展[J]. 安徽化工, 2017, 43(4): 11-13.

[169] 袁界平. 实行食品工业污染治理战略转变的障碍与对策[J]. 食品科学, 2007, 28(7): 565-568.

[170] 袁雪, 房倬安, 徐中慧. 微电解-絮凝-UASB-SBR处理高浓度氯离子味精废水[J]. 西南大学学报(自然科学版), 2011, 1(5): 129-133.

[171] 许凡, 蚁细苗, 薛纯子, 等. 广东省制糖行业环保数据统计和分析[J]. 甘蔗糖业, 2018, 3(1): 35-39.

[172] 许文, 董莉, 毕莹莹, 等. 我国制糖工业废水污染物排放现状及建议[J]. 现代化工, 2019, 39(10): 5-8.

[173] 谢昕, 张振琳, 王荣民, 等. 柠檬酸工业废水处理现状[J]. 工业水处理, 2004, 24(1): 8-11.

[174] 谢昕, 王荣民, 宋鹏飞, 等. 淀粉工业废水处理现状[J]. 上海环境科学, 2004, 23

(5):215-218,226.

[175] 贺燕丽.实现玉米深加工业的健康发展:如何理解《关于玉米深加工业健康发展的指导意见》[J].宏观经济管理,2008,1(2):17-22.

[176] 贾超,王利强,卢立新.淀粉基可食膜研究进展[J].食品科学,2013,34(5):289-292.

[177] 赫国东,徐磊,段志林.提高玉米淀粉糖化率新工艺[J].黑龙江农业科学,2009,1(4):102-103.

[178] 赵桂花.以玉米芯为原料的糠醛生产模式探析[J].农业工程学,2019,1(13):156-158.

[179] 邓家超.食用酒精行业清洁生产分析[J].科技信息,2008,1(20):361,407.

[180] 邓智英.UASB-接触氧化法处理高浓度制糖废水应用实例[J].广东化工,2018,45(12):196-197.

[181] 郑心愿,董黎明,汪苹,等.柠檬酸废水的水质特征及厌氧处理[C]//2015年水资源生态保护与水污染控制研讨会论文集.北京:中国环境科学学会,2015.

[182] 郑炎城.物化-厌氧水解-缺氧-生物接触氧化法-脱色处理调味品生产废水[J].广东化工,2013,40(13):157-158.

[183] 郑超越,袁文,刘岩,等.基于环保型融雪剂制备的糠醛废液工艺优化与装置研究[J].齐齐哈尔大学学报(自然科学版),2018,34(3):51-53.

[184] 郑飞,王灿.广西制糖工业糖蜜废水处理中的CDM机会[J].甘蔗糖业,2008,4(1):45-48.

[185] 郭春明.大豆蛋白废水处理技术研究的现状与展望[J].现代园艺,2012,1(14):38.

[186] 郭春明.ABR处理大豆蛋白生产废水的实验研究[D].哈尔滨:哈尔滨工业大学,2012.

[187] 金凤.我国乳品行业食品安全问题案例分析[D].北京:中央财经大学,2012.

[188] 阎延平,王晓毅,张燕玲.硫酸法玉米芯水解生产糠醛过程二氧化硫减排措施探讨[J].河南化工,2019,36(1):33-36.

[189] 阮文权.废水生物处理工程设计实例详解[M].北京:化学工业出版社,2006.

[190] 陈亮,曹明,张昊,等.玉米酒精厂副产品玉米油生产技术[J].现代食品,2017,5(9):47-49.

[191] 陈凤飞.双酶法制取玉米胚芽油工艺概述[C].2013中国生物发酵产业年会,2013.

[192] 陈宁.L-谷氨酸高产菌的选育及其发酵条件的研究[D].天津:天津轻工业学院,2001.

[193] 陈宁,赵丽丽,张克旭.L-谷氨酸温度敏感突变株的选育[J].生物技术通讯,2002,13(2):152-154.

[194] 陈宇.食品发酵工业的废水处理与节水节能[J].广州食品工业科技,2004,1(3):133-135.

[195] 陈昀. 食品工业废水处理技术探讨[J]. 科技情报开发与经济, 2010, 20(35):144-145.
[196] 陈景韩, 李静. 柠檬酸行业废水处理的选择原则[C]. 全国玉米深加工产业交流展示会暨中国发酵工业协会2006年行业大会, 2006.
[197] 陈璷. 玉米淀粉工业手册[M]. 北京:中国轻工业出版社, 2009.
[198] 陈秋羽, 张洁. 食品行业废水处理与利用[J]. 现代食品, 2019, 1(18):56-58.
[199] 陈臣, 谢伶莉, 黄永文, 等. 浅析茶油加工企业环境污染防治对策[J]. 环境科学与管理, 2013, 1(2):30-35.
[200] 陈露. 关于食品工艺进展的文献综述[J]. 科技创新与应用, 2013, 1(15):1.
[201] 霍汉镇. 现代制糖化学与工艺学[M]. 北京:化学工业出版社, 2008.
[202] 韩冠军. 食品供应链的政府监管体制研究[D]. 济南:山东师范大学, 2012.
[203] 韩德新, 高年发, 周雅文. 柠檬酸提取工艺研究进展[J]. 杭州化工, 2009, 39(3):3-7.
[204] 韩葆颖. 冷冻食品业:机遇与挑战并存[J]. 农产品加工(上), 2013, 1(9):12-13.
[205] 颜金. 政府生态环境保护责任追究制度研究[D]. 湘潭:湘潭大学, 2015.
[206] 马林. 关于促进我国食品工业健康发展的研究[D]. 北京:首都经济贸易大学, 2012.
[207] 骆冠昌. 基于绿色制造的Y企业薪酬体系的构建研究:以技术人员的薪酬结构为例[D]. 南京:东南大学, 2013.
[208] 高世军. 巨能公司玉米深加工业务竞争战略研究[D]. 济南:山东大学, 2012.
[209] 高伟杰, 李秀, 韩大为. 调味品生产废水处理工程设计[J]. 工业用水与废水, 2018, 49(3):63-65.
[210] 高建萍. 基于多级逆流固液萃取的大豆分离蛋白提取工艺研究[D]. 泰安:山东农业大学, 2011.
[211] 高建萍, 刘琳, 张贵锋, 等. 多级逆流固液提取技术提取大豆分离蛋白[J]. 过程工程学报, 2011, 1(2):312-317.
[212] 高磊. 玉米深加工过程废水处理及回用模式研究[D]. 哈尔滨:哈尔滨工业大学, 2011.
[213] 高礼芳. 硫酸催化玉米芯水解生产糠醛工艺优化研究[D]. 北京:中国科学院研究生院, 2010.
[214] 高礼芳, 徐红彬, 张懿. 硫酸催化玉米芯水解生产糠醛工艺优化研究[C]//国家科技重大专项"水体污染控制与治理"河流主题"流域行业点源水污染控制技术"研讨会, 2009.
[215] 高礼芳, 徐红彬, 张懿, 等. 高温稀酸催化玉米芯水解生产糠醛工艺优化[J]. 过程工程学报, 2010, 1(2):292-297.
[216] 高超. 加多宝集团有限公司品牌策略研究[D]. 长沙:湖南大学, 2013.

[217] 魏源送，郁达伟，曹磊，等. 农副食品加工业高浓度废水的厌氧膜生物反应器技术[J]. 环境科学，2014,1(4):1613-1622.

[218] 鸥泉. 中国果蔬加工产业现状与发展[J]. 农业工程技术·农产品加工，2009,1(9):28-29.

[219] 黄志忠，屈泓. 玉米原料酒精生产污水零排放工艺研究及应用[J]. 酿酒，2016,43(1):71-75.

[220] 齐卉芳. 玉米发酵酒精废水处理方式分析与研究[J]. 资源与环境，2018,44(3):189.